EDITORES

Potencial productivo de los bosques tropicales

Carlos E. Guillén V.

Carlos E. Guillén V.
Sultana del Lago Editores

Maracaibo, 2022.
PRIMERA EDICIÓN

HECHO EL DEPÓSITO DE LEY

ISBN: 9798370053115

Diseño de la portada:
Luis Perozo Cervantes

Diagramación y maquetación:
Sultana del Lago Editores

www.sultanadellago.com
+584246723597

Salvo lo dispuesto en los artículos 43 y 44 de la Ley sobre el Derecho de Autor, queda prohibida la reproducción o comunicación, total o parcial de este libro, siendo que cualquier individuo u organización que incurriere en la conducta impropia señalada, podrá ser perseguido penalmente conforme a lo establecido por los artículos del 119 al 124 eiusdem, constitutivos éstos del Título VII de la aludida ley y sin perjuicio de las responsabilidades civiles a las que pudiera haber lugar.

DEDICATORIA

A nuestro Padre Celestial, que no ha escatimado en la creación de la gran cantidad de especies de plantas para la evolución de este planeta, a quien le rogamos para que favorezca a aumentar los bosques en la tierra, a los fines que contribuyan a regular el microclima y por consiguiente el Calentamiento Global y darnos otros de sus grandes valores y beneficios.

A mi esposa Deisy Consuelo, por todos sus aportes al logro de lo que nos hemos propuesto y a su paciencia para alcanzarlos, e incluso su contribución al dictado de los apuntes recopilados para este libro, con mucha afinidad la cual se ha mantenido por más de 46 años y casi 42 años de ser mi Señora Esposa.

A mis hijos Eduardo Enrique y Carlos Eduardo, con quienes he vivido hermosas experiencias y compartido excelentes momentos. Deseo que Dios les continúe concediendo oportunidades para que permanezcan cosechando muchos éxitos.

A mi Nieta Kamila Valentina, por compartir parte de su tiempo libre conmigo y contarme con mucha ternura algunos de sus lindos momentos vividos. Le deseo Excelencia Emocional, Profesional y Espiritual, con magnífica salud de sus condiciones físico-mentales.

A mis padres terrenales (†) José Mercedes y María Encarnación (†), que siempre contribuyeron para que yo fuera el único que lograra ser profesional universitario en casa, estando pendientes de mi proceso de enseñanza-aprendizaje, para adquirir muchos de los conocimientos que estoy compartiendo con Ustedes amigos lectores.

A mis once hermanos de mayores a menores Antonio Ramón, José Hernán (†), Elena del Carmen (†), Hermelinda, Elba Josefina (†), Andrés Eloy (†), María Edicta, Natalia, José Ernesto, Hermogenes (†) y Juan José, por el apoyo que he recibido de ellos y estímulos para sentirme motivado a lograr gran parte de mis metas.

A mis sobrinos y demás familiares, a quienes les sugiero que sueñen mientras puedan…Espero haberlos estado estimulando para que se hayan motivado al logro.

A la empresa Cementos Catatumbo, C.A. (CECAT) y mis compañeros de trabajo donde conformamos una gran familia y siempre trabajamos en equipo, como parte de la filosofía de su cultura organizacional.

A mis profesores y amigos, entre ellos algunos que han contribuido con las experiencias profesionales y saberes de la vida, como el presentador de este manuscrito, los cuales hoy día estoy compartiendo en parte con ustedes ciudadanos lectores. Me disculpo por no haber mencionado los nombres de mis profesores y amigos porque son muchos.

A todos, les dedico este manuscrito.

PRESENTACIÓN

La problemática ambiental mundial que hemos estado sufriendo, se ha acentuado con mayor gravedad en los últimos años, originada quizás por la pugna existente entre el desarrollo de la humanidad, demandando la ocupación creciente de espacios para sus necesidades, aunado a la progresiva presión por el uso de los recursos ambientales, lo cual es cada vez más alarmante e insostenible, sobre todo por la acentuación de la cantidad de problemas ambientales, en exclusivo los de ámbito global, como: cambios en los periodos de lluvia, deshielo de glaciares, movimientos sísmicos, desertificación de tierras productivas, perdida de la biodiversidad, cambios climáticos, desaparición de bosques por expansión de otras actividades humanas, o en su defecto por el manejo inadecuado de los mismos, entre otras.

Aunado a lo expuesto, se han agregado una serie de problemas en las ciudades que hemos desarrollado para mejorar nuestra calidad de vida, siendo testigos de la falta de servicios de agua potable, electricidad, fallas e incremento de precios de combustibles para uso doméstico, transporte e industrial y escases de alimentos, donde una inmensa mayoría en el mundo no la están disfrutando; mientras que a nivel rural, la calidad de vida del hombre que vive en el campo, está muy por debajo de lo deseable, necesario y posible. Todo esto, sumado a los problemas socioeconómicos graves en gran parte de la población mundial, como son la proliferación de áreas con escasos servicios en la periferia de las grandes ciudades, pobreza, desnutrición, desempleo, bajos salarios, etc.; en gran medida como consecuencia de esa pelea entre el hombre y el planeta Tierra, en donde va saliendo perdiendo ambas partes.

En resumen, se deduce un gran enfrentamiento entre el hombre y el planeta Tierra, queriendo manejarla a sus anchas, y las consecuencias nos dicen que es necesario corregir la manera en la que nos hemos venido relacionando con nuestro planeta. El conflicto entre la presión por el uso de los espacios territoriales, los recursos naturales demandados para la expansión de las áreas ocupadas, y la capacidad de respuesta de nuestro planeta, a esa presión de desarrollo, es ya insostenible; lo cual indica que nos hemos confabulado contra el Planeta, si quisiéramos decirlo en términos irónicos. Ese desequilibrio entre la capacidad de resiliencia del planeta y sus recursos, y la respuesta a esa presión excesiva de parte del hombre, se nos ha convertido, en muchísimos casos, en una regresión de lo que hemos logrado como mejoramiento de nuestra calidad de vida, lo cual está afectando, no solamente a la Tierra y sus recursos naturales, sino también a las actividades socioeconómicas y culturales del hombre.

Este resultado es un contrasentido, por cuanto deberíamos obtener mejor calidad de vida de toda la población, ya que ese es el objeto del desarrollo. Sin embargo, la inmensa mayoría no lo logra, y vemos con mucho impacto el crecimiento de la pobreza en muchas regiones del mundo. Es decir, hay un desarrollo socioeconómico fallido, a pesar del uso excesivo del espacio territorial y de los recursos disponibles. El impacto socioeconómico es visible y ha sido medido; el mismo, afecta no solamente al ser humano de menores recursos, sino también a los que tienen mayor poder económico, porque el daño, generalmente no se puede corregir inmediatamente con la aplicación de recursos humanos, tecnológicos y financieros, porque el control de los impactos ambientales adversos es muy costoso y en algunos casos hasta irreversibles.

La humanidad enfrenta dicha problemática ambiental desde hace muchos años atrás, y hemos visto que algunos científicos con sus investigaciones han aportado ideas y soluciones de control a dichos problemas, pero más bien, han venido aumentando en número y gravedad, incluso pasando por la Conferencia de Estocolmo de 1972, donde se concibió la palabra Sustentabilidad. Existen diversos organismos multilaterales, que se están ocupando de coordinar, con líderes y científicos mundiales, el desarrollo de acuerdos, planes, programas y medidas que se han propuesto, para tratar de frenar la mencionada pelea entre Desarrollo y el Planeta.

La Organización de las Naciones Unidas (ONU), lidera las referidas acciones, por medio del Programa de las Naciones Unidas para el Medio Ambiente (PNUMA). El Programa más recientemente desarrollado, se está implementando desde febrero del año 2021 mediante la Agenda 2030, que contempla 17 Objetivos y 169 Metas, las cuales en conjunto incluyen las acciones necesarias, medidas aplicables, inversiones que se deben hacer y responsabilidades de los diferentes gobiernos signatarios del Plan, para aplicar medidas preventivas, mitigantes, compensatorias, correctivas y de control de los problemas que presenta el cambio climático, pérdida de biodiversidad, contaminación ambiental y en general, la afectación adversa significativa de recursos naturales.

En referencia al objetivo 15 de dicha Agenda, de "Proteger, restaurar y promover, la utilización sostenible de los ecosistemas terrestres, gestiona de igual manera los bosques, combatir la desertificación, detener y revertir la degradación de la tierra, y frenar la pérdida de diversidad biológica". Aquí se incluye el recurso bosque, que está muy conexo con los recursos agua, aire, fauna, clima, suelo, socioeconómicos, etc. Por ese motivo, es que tiene importancia especial, por cuanto su afectación, produce una cadena de efectos muy grandes y de allí que debe dársele especial atención.

Esta cualidad de multirelacion ecológica y socioeconómica del bosque, quizás fue lo que atrajo la atención y el interés el Autor del presente libro, por cuanto le apasiona su importancia y los múltiples valores de dicho recurso, tanto para el ambiente, como para el hombre. De allí que se dedicó a preparar por varios años el texto que conforma este manuscrito, para ponerlo en manos de especialistas y profesionales forestales o no, responsables de la administración y el manejo de recursos naturales, del ambiente, planificación ambiental y cualquier persona interesada en el tema Ecosistema Bosque.

Es decir, en este relevante texto, se destaca la importancia del recurso Bosque, y en este caso particular, en lo referente al "Potencial Productivo de los Bosques Tropicales", haciendo énfasis en sus Valores y Beneficios productivos, protectores, recreativos, científicos, culturales e históricos, entre otros; con la finalidad de promover su importancia ecológica y socioeconómica, y especialmente para contribuir al alcance de los Objetivos *mundiales acordados en la Sexta Sección del Foro de la Organización de las Naciones Unidas (ONU) sobre los Bosques (E/2006/42, párrafo 3).*

También se incluye la información sobre la Legislación Venezolana vigente, relacionada con la administración y conservación de los bosques. Adicionalmente, se propone contribuir a la formación de la Cultura de la colectividad, para la protección de este recurso. El texto incluye otra serie de recomendaciones muy importantes, como una contribución para el mejoramiento de dicho recurso natural.

El Autor, Ingeniero Forestal / M.Sc. Carlos Enrique Guillén Valero, tiene una dilatada formación profesional y amplia experiencia en el Ejercicio Libre o Actividad Privada de su Profesión. Es graduado en la Escuela de Ing. Forestal de la Facultad de Ciencias Forestales de la ilustre Universidad de los Andes (1984), situada en la ciudad de Mérida, Venezuela, una de las casas de estudios superiores más antiguas y prestigiosas del país, habiendo celebrado este año la conmemoración de su 237 aniversario. Asimismo, tiene Especialidad en Gerencia Empresarial (1996) y una Maestría en Administración de Empresas (2001), en la Universidad Rafael Urdaneta de la ciudad de Maracaibo, estado Zulia. Además, tiene un Diplomado en Formación Docente (2008), realizado en la Universidad José Gregorio Hernández, en la misma ciudad de Maracaibo.

El Ing. Guillén, tiene vasta experiencia como Consultor Ambiental y sus especialidades. En sus 38 años de ejercicio profesional, ha trabajado en diversos cargos de campo y también gerenciales, que lo han comprometido en proyectos afines con los recursos Bosque, Agua, Aire, Suelo, etc. Ha trabajado como asesor ambiental de empresas mineras-industriales, explotadoras de mineral de roca caliza, arcilla, arena y carbón, empresas petroleras, entre otras, y ha sido ejecutor de proyectos de restauración ecológica de áreas afectadas y escombreras, control de calidad de aguas, de calidad del aire y manejo y disposición final de desechos sólidos peligrosos y no peligrosos, entre otras actividades que degradan el ambiente. Como consultor y asesor ambiental, ha tenido la responsabilidad de coordinar y realizar estudios ambientales diversos. Del mismo modo, conoce a fondo lo relacionado con la Administración del Ambiente y el trámite de permisiones para desarrollo e implantación de proyectos mineros, petroleros, forestales, urbanísticos, viales e industriales.

Adicionalmente, ha ofrecido sus conocimientos y experiencia en el área docente, donde ha ejercido cátedras en el Programa de Maestría de Gerencia Ambiental en la Universidad Experimental Politécnica de la Fuerza Armada Nacional (UNEFA), Núcleo Zulia. En el ejercicio profesional tuvo permanente contacto con las comunidades del área de influencia de los trabajos en los cuales participo, e incluso existe un proyecto de construcción de viviendas rurales con la especie de Guadua o Bambú. Como hemos podido ver, el Autor de este libro, tiene suficientes créditos profesionales y experiencia, para poder plasmar en un texto como este, información importante sobre el *Potencial Productivo de los Bosques Tropicales*, para beneficio de profesionales y especialistas del área forestal y de otras áreas afines. Dicho texto podría ser utilizado también, como material de consulta para los jóvenes estudiantes de Ingeniería Forestal.

Ing. Agr. / M.Sc. en Ing. Ambiental
Alexis J. Gutiérrez Rosales
Maracaibo, septiembre de 2022.

I. INTRODUCCIÓN

Los grupos de plantas que conforman el ecosistema bosque, contribuyen al bienestar de los seres humanos, a la protección y conservación de los restantes recursos naturales, aún cuando existen componentes del mismo como las bacterias y hongos de carácter patógenos, ocasionando daños a la salud; también hay de gran utilidad para el hombre: champiñones por ejemplo e integrantes de micorrizas, las cuales contribuyen a fijar los nutrimentos vegetales a las plantas; además, cohabitan las bacterias descomponedoras / nitrificantes, y las que viven en el intestino de animales y humanos realizando la descomposición de los alimentos ingeridos e igualmente procurando la asimilación de nutrientes vegetales; del mismo modo, las que participan en la fabricación del queso, la cerveza, etc.; asimismo, existen productos de gran demanda comercial que se originan de las plantas: el caucho (neumáticos), el cacao (chocolate) y de muchos fármacos salvavidas como la Quinina, la Morfina y la Aspirina, entre otros tantos medicamentos.

A la par, se fabrican casas, oficinas y embarcaciones de todos los tipos con productos generados del bosque, además hay cuantiosos alimentos, medicamentos, agroquímicos como biócidas, fibras y maderas para fabricar bienes domésticos, comerciales e industriales, que provienen del bosque natural o cultural, incluyéndose el papel para los periódicos y libros, aparte de ser útil para la confección de los lápices de grafito, palillos y fósforos, entre muchos otros utensilios de gran utilidad para la humanidad.

Por su parte, los bosques tropicales del mundo, entre ellos los que cubren casi el 50% del territorio del país, a la par de generar productos forestales primarios o madera en rola, también producen considerables cantidades de productos no maderables, que son también designados productos menores, como: frutos, aceites comestibles y aromáticos, especias, resinas, gomas, u otros, cuyos productos en su conjunto, ocupan un lugar de importancia en el mercado mundial y, lo que es más importante, en las economías de los países que los producen (la India, p/e). Además, el bosque tropical provee mayor versatilidad en los valores y beneficios que se obtienen de ellos, frente a los bosques de clima templado, como acontece con el primer "Pulmón" verde del mundo, el Amazonas (Bolivia, Brasil, Colombia, Ecuador, Guyana, Perú, Surinam y Venezuela), el segundo el Megaecosistema Sierra de Perijá, entre otras Existencias Forestales Tropicales.

En efecto, desde el comienzo de la historia escrita, el ser humano ha sabido valorar los productos forestales no maderables generados del bosque. Aún hoy día, la leña y el carbón como fuentes energéticas de carácter domésticas, es todavía utilizada en numerosos países pobres de África y otros; también las fibras para tejidos, el corcho, las raíces, ramas, hojas, flores y frutos de una gran variedad de árboles y plantas del bosque, son transformados para obtener conocidos productos comerciales, como los neumáticos, carbón activado y los productos que se derivan como metano, p/e; además generan: anime, vinagre, aceites, colonias, perfumes y otros productos industriales de gran demanda local, nacional e internacional (patrocinios económicos o financieros a países del tercer mundo), a la par de producir grandes beneficios socio ecológicos.

Aun cuando el patrimonio forestal aporta todos estos grandes valores y beneficios socio-económicos y ecológicos, el proceder del ser humano con sus componentes principales, es con frecuencia irracionalmente destructivo; ya que extensas masas boscosas son explotadas, en su mayoría, sin concebir un Plan de Manejo Sustentable u Ordenación Forestal, degradando su biodiversidad y disminuyendo grandemente sus áreas, como producto del avance a un ritmo exponencial de actividades agropecuarias, como ejemplo algunos países productores de Palma Aceitera africana (Elaeis guineensis), como Indonesia, que pretendió suplir el bosque por cultivo de palma, al igual que la subregión Perijá del estado Zulia-Venezuela, que procura reemplazar áreas ya afectadas por pastizales, por plantación de esta especie productora de aceite de comer u otros usos.

De la misma manera, se han eliminado extensas áreas boscosas por las actividades industriales, mineras, petroquímicas, urbanísticas, entre otras actividades que afectan a los bosques, la vialidad primaria/secundaria, las cuales inciden en impactos ambientales adversos para los medios físicos - naturales y socioeconómicos que conforman el ambiente; siendo quizás por estas causas que ya no existen las selvas o los bosques naturales en ambas costas del Lago de Maracaibo, luego de construirse la carretera Panamericana (costa oriental) y la Troncal 006: Maracaibo-Machiques-Colón.

No obstante, existen iniciativas en la región Zuliana de organizaciones como Carbones del Guasare, S.A., con proyecto minero-carbonífero, la cual tiene planes de restauración ecológica de las áreas ocupadas y conformación de escombreras con material estéril, y como Cementos Catatumbo, C.A. (CECAT), que también tiene un Plan de Restauración Ecológico de áreas afectadas por el proceso minero, ajustado a la normativa legal con la anuencia de las autoridades ambientales, con un superávit ecológico alcanzado con la cuota de participación asignado por el ente competente, mediante los Planes anuales de Repoblación Vegetal con especies del bosque nativo y de frutales perennes de la zona.

Dicho plan de restauración ecológica es emplazado en el Plan Minero de la extracción de los minerales no metálicos de roca caliza, arcillas y de areniscas, como parte de los componentes del cemento portland, aprovechados en sus canteras operativas por más de 40 años de vida que tiene la planta cementera dentro de la hacienda Montellano, donde se conjugan la acción minera, las actividades agropecuarias e industriales.

Asimismo, se ha avanzado el Paisajismo en sus entornos, con sus respectivos cuidados técnicos culturales de los jardines, áreas verdes o arboricultura establecida a ambas márgenes de la vía hacia la planta de cemento y otras instalaciones, que consolida el Lema de "Planta Jardín de Venezuela" (**fotos 1.1 y 1.2**); asociado a la delimitación física del Área de Reserva de Medio Silvestre (ARMS), aprobada por el ente con competencia ambiental, lo cual garantiza la conservación y el mejoramiento de la Biodiversidad, con cuyo Programa en CECAT se obtuvo el Premio Regional de Conservación Ambiental 2017, otorgado por la Comisión de Ambiente del Consejo Legislativo del Estado Zulia (CLEZ); igualmente se reconstruye anualmente las franjas cortafuego en el perímetro de la hacienda Montellano, para prevenir incendios forestales y de cultivo, creando además brigadas contra incendios forestales para resguardar los bienes propios y de terceros.

Fotos 1.1 y 1.2: Plantas ornamentales cultivadas en los jardines y las áreas verdes que conforman el paisajismo entorno a la planta de Cementos Catatumbo, C.A. (CECAT). Villa del Rosario, mayo, 2022.

II. OBJETIVOS:

Los objetivos del libro tienen su base teórica en los objetivos mundiales acordados en la Sexta Sección del Foro de la Organización de las Naciones Unidas (ONU) sobre los Bosques (E/2006/42, párrafo 3), los cuales se mencionan a continuación:

1.- Invertir la pérdida de cubierta forestal con la ordenación sostenible de los bosques, incluyéndose: la acción de protección y restauración ecológica, aunado a la forestación, arboricultura, reforestación, plantación, entre otras Técnicas de Bioingeniería.

2.- Potenciar los beneficios socioeconómicos y ambientales de los bosques, incluso mejorando los medios de subsistencias de las personas que dependen de ellos.

3.- Aumentar las superficies de los bosques protegidos y las superficies de los bosques sujetos a la Ordenación Sustentable, así como el porcentaje (%) de los productos forestales obtenidos de ellos.

4.- Invertir la disminución de la asistencia oficial para el avance destinado a la Ordenación Sustentable de los Bosques (*OSB*) y movilizar cantidad mayor de recursos financieros nuevos y adicionales para la OSB.

Por su parte, el autor del presente trabajo ha considerado que la conservación, defensa y el mejoramiento del ecosistema bosque tropical por su importancia, se consiguen con el siguiente objetivo general y los objetivos específicos establecidos a continuación:

2.1.- Objetivo General

Promover el Potencial Productivo de los bosques tropicales de importancia ecológica y socioeconómica para el resto de los recursos naturales y a las actividades humanas, a fin de estimular a inversionistas y emprendedores a la conservación y mejoramiento del bosque nativo, y a establecer plantaciones forestales productivas o de protección, con acciones orientadas al fomento de industrias abastecidas con materia prima derivada del bosque, manejado con planes de ordenamiento sustentables; los cuales mientras crecen servirán como hábitats a la fauna silvestre, de sumidero del CO_2 y "pulmones verdes", entre otros beneficios aportados por estos importantes ecosistemas.

2.2.- Objetivos Específicos:

✓ Divulgar la gestión forestal y la cultura del bosque conforme a la Ley de Bosque del país (2013), que promueva conservarlos para las generaciones futura, basada en la importancia ecológica y socioeconómica de los mismos frente a la humanidad, a los animales, el suelo, las aguas, el paisaje, el clima y el aire, entre otros tantos valores.

✓ Informar de los variados bienes y servicios tangibles e intangibles obtenidos de los bosques nativos o de plantaciones forestales (bosques culturales), para los recursos naturales y los seres humanos; a los fines de fomentar el mejoramiento de los medios de manutención para las personas que dependen de estos importantes ecosistemas.

✓ Inducir Políticas de ampliación en el país de las áreas bajo régimen de administración especial (ABRAE's) y guiar el manejo de bosques bajo planes de ordenamiento, para aumentar la disposición del porcentaje de productos forestales derivados de los mismos.

✓ Impulsar proyectos de restauración ecológica con algunas Técnicas de Bioingeniería: Forestación, Reforestación, Revegetación, Agroforestería y de Plantaciones Forestales con fines de producción o de protección (conservación y ornamentación), manejados con criterios de sustentabilidad para contribuir a conservarse el ecosistema bosque.

III. MARCO LEGAL VIGENTE VENEZOLANO EN CONSERVACIÓN DE BOSQUES

A continuación, se expresa la base jurídica de los objetivos que persigue la formulación del presente trabajo, en el marco vigente de la Ley de Bosque venezolana (2013), con valor agregado del autor de este manuscrito (entre paréntesis), con aspiraciones para ser distribuido en instituciones educativas y en el público en general:

TÍTULO I: DISPOSICIONES GENERALES
Fines de la Gestión Forestal

Artículo 7. La gestión forestal en Venezuela, entendida como el conjunto de acciones y medidas orientadas a lograr la sustentabilidad de los bosques y demás componentes del patrimonio forestal, debe orientarse al logro de los siguientes fines:

1. Manejo sustentable del patrimonio forestal bajo el enfoque de integralidad y uso múltiple (como con los Sistemas Agroforestales y los Bosques destinados para los fines Productivos, Protectores, Recreativos, Científicos, Culturales e Históricos).

2. Protección de los bosques, conservación de fuentes hídricas y diversidad biológica (promover en las unidades de producción agropecuaria la delimitación y certificación con el ente con competencia ambiental, las Áreas de Reservas de Medio Silvestres / ARMS).
3. Recuperación y aumento de la cobertura boscosa en el territorio nacional (véase el Objetivo 3 acordado en el Foro de la ONU).
4. Fomento de plantaciones forestales de uso múltiple y sistemas agroforestales.
5. Promoción de la silvicultura urbana (Arboricultura) y arborización sustentable de las ciudades y demás centros poblados (como ejemplo, la ciudad de Caracas-Venezuela).
6. Democratización del acceso y uso de los múltiples bienes y beneficios derivados de los ecosistemas forestales (uno de los propósitos primordiales del presente manuscrito).
7. Inclusión de la cultura del bosque en todos los niveles y procesos de educación y formación de la ciudadanía (véase en esta misma ley el Título III, art. 19 en adelante).
8. Generación y sistematización de la información sobre el estado y características del patrimonio forestal.
9. Consolidación y divulgación de la información contenida en los sistemas de información forestal (artículos 19 y 20 de la citada Ley de Bosque, 2013).
10. Fomento de la investigación dirigida al conocimiento del patrimonio forestal y a su uso múltiple e integral (bienes forestales primarios y secundarios con mínimos residuos).
11. Innovación y transferencia de tecnología limpia y técnicas de bajo impacto aplicables al manejo forestal (que prevengan o minimicen los impactos ambientales adversos).
12. Formación de redes y cadenas socioproductivas forestales (fortalecer las Industrias forestales) basadas en esquemas orientados a la diversificación de actividades de industrialización y procesamiento de materia prima forestal

(Titulo IV, artículos 81 al 83 de la referida Ley de Bosque).
13. Fomento de la propiedad social y el manejo sustentable del patrimonio forestal y sus derivados (artículo 52, Ejusdem: Lineamientos para el manejo forestal sustentable).
14. Implementación de programas de estímulo y apoyo técnico y financiero al manejo sustentable del patrimonio forestal.
15. Ordenación y reglamentación de usos en áreas forestales.
16. Creación y funcionamiento de un sistema de monitoreo y supervisión continuos sobre el patrimonio forestal y las actividades asociadas al mismo.
17. Optimización de los procedimientos y trámites administrativos vinculados al manejo y conservación del patrimonio forestal (se debe simplificar los trámites administrativos, como sugerencia para la optimización de los procedimientos por ante los organismos competentes del Estado venezolano).

TÍTULO III: CULTURA DEL BOSQUE Y PARTICIPACIÓN CIUDADANA

Capítulo II: Educación, conocimiento e información.
Derecho de acceso al conocimiento:
Artículo 19. Los ciudadanos (as) tienen el derecho fundamental e inalienable de acceder a los conocimientos científicos, comunes y tradicionales, que les permitan establecer sus juicios propios sobre la conservación del patrimonio forestal como un componente de su hábitat, del ambiente boscoso en general y del papel que el ser humano cumple como factor modificador de tales ecosistemas (manejados con planes de ordenación).

Divulgación del conocimiento:
Artículo 20. El Estado garantizará la divulgación de los conocimientos científicos, costumbres, hábitos y conductas relativas al patrimonio forestal, a través de los

medios de comunicación social (salones de clase, emisoras, periódicos, revistas, redes sociales e internet) y de la educación (cultura del bosque) en todos sus niveles y modalidades.

Programas de educación comunitaria:
Artículo 21. El Ministerio del Poder Popular para la Educación (MPPE), promoverá la ejecución de programas para la información, formación y participación protagónica de las comunidades (organizadas para impulsar a la ampliación de áreas boscosas), dirigida a la conservación del patrimonio forestal, en garantía del desarrollo sustentable.

Programas de divulgación del conocimiento:
Artículo 22. El Ministerio del Poder Popular con competencia Ambiental (hoy Ministerio de Ecosocialismo conocido con sigla MINEC) coordinará, conjuntamente con el MPPE, la divulgación de los conocimientos relacionados con la conservación de los bosques.

Incorporación de contenidos y actividades:
Artículo 24. El MINEC coordinará con el MPPE, la inclusión de contenidos, y actividades en materia de conservación (de bosques naturales y culturales).

TÍTULO V: PATRIMONIO FORESTAL
Capítulo II: Manejo sustentable del patrimonio forestal.
Lineamientos para el manejo forestal sustentable:
Artículo 52. El manejo sustentable del patrimonio forestal debe atender a los siguientes lineamientos (que promuevan la conservación y mejoramiento del ecosistema bosque):
1. Incorporación de diagnóstico integral del área (Caracterización ambiental del área de influencia del bosque natural manejado o del proyecto de plantaciones forestales, cuyas exigencias de las especies elegidas deben coincidir con las condiciones ecológicas).

2. Evaluación de impactos ambientales y socioculturales (previa identificación de los impactos adversos y positivos, a fin de procurar la propuesta de medidas de control ambiental de los impactos adversos, con el cumplimiento del Plan de Supervisión Ambiental (PSA), que incluye el Programa de Seguimiento y Monitoreo Ambiental (punto 7 de este mismo artículo), aunado al Plan de Contingencia ante eventuales emergencias ambientales y las relacionadas con la seguridad industrial y la salud ocupacional).
3. Visión integral y de uso múltiple de los bosques que se desean manejar (los bosques naturales o los bosques culturales).
4. Participación de las comunidades locales e indígenas (Etnias presentes en el área de influencia) en la formulación, evaluación e implementación del plan de manejo forestal.
5. Incorporación de prácticas, técnicas y tecnologías de bajo impacto adverso (limpias o verdes) a los medios que conforman el ambiente (físico, biológico y socioeconómico).
6. Integralidad y diversificación en el uso de los bienes maderables o no (productos forestales secundarios) y de los beneficios ambientales, considerando la dinámica de los ecosistemas interrelacionados con los bosques (ecosistemas fluviales, por ejemplo).
7. Obligación de monitoreo y seguimiento de los indicadores de gestión ambiental, según la normativa ambiental vigente del país (Decretos 638, 883, 2217, 2673, entre otros, la Ley de Calidad de Aguas y Aire (2015), Ley de Gestión Integral de la Basura (2010) y la Ley 55 del 2001 sobre sustancias, materiales y desechos peligrosos).
8. Generación de criterios e indicadores del desempeño de gestión ambiental incluidos (calidad de las aguas, del aire y del suelo, incluyéndose las acciones de prevención o de la minimización de la contaminación sonora, p/e).

9. Maximización del beneficio colectivo que integre los aspectos socioeconómicos y ambientales, a partir de múltiples potencialidades del patrimonio forestal y componentes del ecosistema bosque natural o de plantaciones forestales (bosque cultural).

Capítulo III: Fomento y mejoramiento.
   Fomento y mejoramiento de áreas boscosas:
Artículo 54. Es deber del Estado promover y fomentar el incremento de la cobertura boscosa a nivel nacional, a cuyo fin los órganos y entes del Poder Público Nacional (El MINEC e INPARQUES, p/e), Estadal (Instituto Autónomo Regional del Ambiente / IARA, adscrito a la Gobernación del Edo Zulia, p/e) y Municipal (Instituto Municipal Ambiental / IMA del municipio Rosario de Perijá del Edo Zulia, p/e) están obligados, en el marco de sus competencias, a desarrollar planes, programas y acciones orientados a:
1. La forestación en terrenos desprovistos de vegetación (arbórea) con fines protectores o productores, con apoyo de la Misión Árbol adscrito al ente con competencia ambiental (con fines protectores, INPARQUES en Parques Nacionales, Monumentos Naturales y Parques de Recreación a Campo Abierto o de Uso Intensivo, entre otras ABRAE's).
2. La repoblación forestal en áreas intervenidas con fines de compensación ambiental, especialmente en zonas de altas pendientes (Colinas, Morros, Mesetas y/o Montañas; artículo 67 de esta misma Ley) y zonas protectoras de las cuencas, subcuencas y microcuencas hidrográficas (art. 54 de la Ley de Agua, 2007; art. 32 de su Reglamento).
3. Aplicación de técnicas silviculturales de carácter conservacionista para mejoramiento de bosques naturales y plantados (fertilización, control fitosanitario y de malezas,

riego si las circunstancias lo ameritan, podas de crecimiento u otras, aclareos o entresaca, reposiciones de plantas muertas o con deterioro irreversible, entre otras técnicas).
4. La identificación y la delimitación de terrenos aptos para el establecimiento de plantaciones forestales (deben ser establecidas en suelos clasificados por la FAO como suelos tipo marginal o no favorable para las actividades agropecuarias o la agricultura, en terrenos de condición jurídica Ejidos, Baldías o pueden ser de carácter Propios).
5. La promoción y conservación de los bosques como sumideros de carbono (Impulsos de Proyectos de Bonos de Carbono con plantaciones forestales de diversos fines y conservación de ABRAE's, que pueden ser financiados por la banca internacional para Venezuela, porque en la Globalización se ha entendido que mercados abiertos pueden *mejorar la distribución de recursos*, siempre que los bienes forestales se produzcan donde sea más eficiente hacerlo ecológica y económicamente; incluso si se envían a mercados distantes; que permita alcanzar una óptima convivencia entre el desarrollo económico y el diseño de políticas forestales adecuadas para la protección del ambiente, incluyéndose a la sociedad como uno de sus principales componentes).
6. La disposición y provisión adecuada de semillas (sexual y asexual como chusquines stump, clones y estacas), plántulas u otro tipo de material genético forestal (instituciones públicas y privadas deben promover la instalación de Viveros Forestales o más bien de Viveros Multifuncionales, donde se produzcan especies de frutales perennes, forestales, medicinales, de carácter cosmetológica, ornamentales, u otras especies; en cuyo ámbito además se implemente la actividad académica o didáctica).
7. Cualquier otra acción que propenda a aumentar el área boscosa y al mejoramiento y conservación de los bos-

ques existentes (inducción de la regeneración natural o de los rebrotes provenientes de los arboles porta granos/padres y de los agentes encargados de la propagación vegetal; así como el avance de la Arboricultura en las ciudades, plazas, parques, en las redomas e islas viales, aunado a otras plantas para jardines).

Fomento de bosques plantados y sistemas agroforestales
Artículo 57. El fomento y mejoramiento de bosques comprende el estímulo y promoción de actividades dirigidas a la producción permanente y el acceso oportuno a material genético forestal, tales como el establecimiento a nivel nacional de:

a) banco de germoplasma forestal (**BGF**): es el lugar que cuenta con personal técnico y los equipos necesarios para realizar de forma óptima los procesos de recolección, beneficio, almacenamiento y conservación de germoplasma forestal, que es la parte del árbol que transmite sus genes bajo condiciones controladas de temperatura y humedad, al igual que incluye los análisis de sus características.

b) huertos semilleros: son plantaciones de árboles seleccionados por sus caracteres hereditarios, desarrollados y tratados para ser reproducidos en abundancia y cosechar fácilmente sus semillas sexuales y asexuales (clones aéreos o terrestres, p/e).

c) Huertos Semilleros Clónales: son huertos plantados que utilizan material vegetativo (injertos, estacas o plantas derivadas de cultivo de tejidos), de fenotipos seleccionados (árboles padres plus), entre otros materiales.

d) rodales semilleros: son poblaciones naturales o plantaciones en los que no se ha hecho ningún tratamiento previo para mejorar la calidad de la semilla, pero que presenta alto porcentaje de individuos con características deseables (árbol con saludable porte).

e) Arboretos: es un jardín botánico dedicado primordialmente a los árboles y otras plantas leñosas, que forman una colección de árboles vivos con la intención al menos parcialmente de estudiarlos científicamente. // Es un área establecida con el propósito de mostrar al público las diferentes clases de árboles que existen y plantas leñosas, enredaderas y otras, que son etiquetadas para facilitar su identificación y estudio.

f) viveros forestales (preferiblemente establecer viveros multifuncionales): constituyen el primer paso en cualquier programa de repoblación o plantación forestal. Las actividades a que se refiere este artículo 57, incluida la recolección de material genético forestal, están sujetas a los controles ambientales que determine el MINEC en resolución, sin perjuicio de las regulaciones previstas en normas especiales que resulten aplicables en la materia forestal (Ley de Bosques; los Decretos 1659 y 2212, u otros). En Venezuela se deben fomentar los bosques culturales y los sistemas agroforestales por lo señalado en el Capítulo V, entre otras Curiosidades de los Bosques Tropicales (Tomado de un Colega el 9/10/2022 del Grupo de WhatsApp *Orgullosamente Forestal*):

1) Los Bosques Tropicales (BT) emiten más carbono del que adsorben según un estudio publicado en Sciencia en el 2017: Los BT que en el pasado absorben carbono (C) ahora lo están emitiendo más que adsorbiendo, como derivación de la Deforestación y la pérdida de masa forestal fruto de la actividad Humana. Tal y como apunta desde Rainforest Alliance en su blog oficial en español, lo cual indica que debemos restaurarlos y recuperar la capacidad de secuestrar carbono para poder luchar por la crisis climática planetaria (plantar y evitar deforestar).

2) En los BT se puede encontrar más de 15 millones (MM) de especies:

Como consecuencia del clima cálido reinante en todo el año y la gran humedad que se da en ellos, los BT albergan un enorme Biodiversidad. La vida en ellos es exuberante, tanto es así que en ellos crecen 2/3 de las flores que existen en todo el mundo y en hectárea (ha) de terreno se han encontrado más de 100 árboles de distintas especies.

3) Más de la mitad de los animales terrestres viven en el bosque tropical:

Los BT ocupan algo menos de 3% del planeta; sin embargo, albergan a más de la mitad de todos los animales terrestres. Algunos de ellos son los tigres de bengala, los gorilas de la montaña, los jaguares, los orangutanes, etc. Desgraciadamente muchas de estas especies, esencialmente para mantener el equilibrio de los ecosistemas de los bosques, están en serio peligro de extinción.

4) Solo un 2% de la luz solar que los atraviesa llega al suelo:

La razón es que la exuberante vegetación del BT lucha activamente por vivir; es decir, tiene que lograr que le dé el sol. Los arboles gigantes que hay en él lo tienen bastante más fácil que la vegetación que no alcanza los estratos superiores o no llegan tan alto.

5) Los BT ayudan a mantener el suministro de agua dulce:

Esto es así porque las plantas de estos bosques, al hacer la fotosíntesis, liberan agua de sus hojas y esta viaja a la atmosfera, donde luego se convertirá en lluvia. La pérdida de BT suele atrae aparejada la sequía. También actúan como filtros anticontaminación, evitando que esta fluya hacia el suministro de agua.

6) Las plantas de los BT se usan para fabricar medicamentos. Según un estudio publicado en el International Journal of Oncology, más del 60% de los medicamentos empleados para lucha contra el cáncer, procede de fuentes naturales incluidas las plantas que crecen en los BT. También

se usan en medicamentos contra la malaria, para enfermedades del corazón, bronquitis, diabetes, artritis, glaucoma... etc.

7) Cada año se pierden bosque del tamaño del país Bangladesh.
Cada año la tierra pierde BT del tamaño del país Bangladesh, según Global Forest Watch. Tal y como recoge Rainforest Alilance en su block oficial en español, solo en 2017, se perdió 15,8 MM de ha de BT. En total, los seres humanos hemos acabado con casi la mitad de la cubierta forestal original del planeta.

8) Hay distintos tipos de BT.
Los BT se clasifican en BT secos, lluviosos, monzónicos y de inundación; ubicados en la zona entre el Trópico de Cáncer y el T. de Capricornio, con temperaturas cálidas todo el año y gran humedad. Sin embargo, existen diferencias entre los distintos tipos de bosques tropicales en función de la zona geográfica concretas en que se encuentren.

Capítulo IV: Conservación del patrimonio forestal
Sección primera: áreas bajo régimen de administración especial (ABRAE's) para la conservación del patrimonio forestal

Áreas boscosas bajo protección

Artículo 64. Son áreas boscosas bajo protección aquellas áreas sujetas al régimen de administración especial (ABRAE's), decretadas por el Ejecutivo Nacional en terrenos de propiedad privada con cobertura boscosa y reconocida capacidad productiva, que por su situación geográfica y composición florística *diversa* se destinan al aprovechamiento del patrimonio forestal y a la generación de bienes y beneficios ambientales, mediante el plan de manejo respectivo, el cual se ejecuta bajo estricto control y supervisión del Ministerio del Poder Popular en materia de ambiente (se incluyen a las Reservas Forestales y los Lotes Boscosos de relevancia nacional, que a la par de producir bienes forestales, también son reguladores del microclima y protectores de los suelos y aguas).

Objetivos

Artículo 65. Las reservas forestales y áreas boscosas bajo protección están orientadas:

1. Proteger y mantener a largo plazo la producción permanente de la masa forestal y su diversidad biológica (refugio, hábitats, espacios aptos de anidación y reproducción de la fauna silvestre), u otros valores naturales que se encuentren presentes en el área.

2. Promover prácticas de manejo sustentable con fines de producción forestal (reservas forestales y lotes boscosos).

3. Mantener el bosque en las condiciones necesarias para asegurar la presencia de sus comunidades bióticas, así como de las características físicas del ambiente (también debería considerarse las condiciones biológicas, porque a mayor pluralidad evidencia la calidad de sitio para la conservación y el mejoramiento de la Biodiversidad del lugar).

4. Preservar la base de recursos naturales contra la implantación de modalidades de uso de tierras que sean perjudiciales para el aprovechamiento forestal sustentable (en particular algunos aprovechamientos de yacimientos mineros no sujetos a planificación, con potencialidad contaminante de los suelos y de las aguas).

5. Contribuir al desarrollo nacional, regional y local.

Según evidencia del cuadro 3.1, en Venezuela se habían decretado para el año 2001 unas 383 ABRAE's, que representan un área de 66.626.029,21 ha. Sin embargo, el área real, es de 42,5 millones de hectáreas, un 46 % del territorio nacional, pues muchas de estas ABRAE's se superponen, como es el caso del Parque Nacional Ciénagas de Juan Manuel de la subregión Sur del Lago de Maracaibo de la región Zuliana, ABRAE en la que se origina el Relámpago del Catatumbo y la Región Lago de Mcbo., sobrepuesta una parte con el Polígono 2 Piedemonte de la Sierra de Perijá; de cuyas ABRAE's, al *Manejo Sustentable del Patrimonio Forestal* son el 47,21% (cuadro 3.1 más adelante): representadas por las Reservas Forestales (17,72%), Las Zonas Protectoras (24,41%) y por las Áreas Boscosas bajo protección del citado artículo 64 (5,08%).

Así el estatus jurídico de casi la mitad del territorio nacional bajo la figura de Áreas Bajo Régimen de Administración Especial, es una condición que favorece notablemente la *implementación de las políticas públicas forestales nacionales* dentro de los preceptos constitucionales y el Plan Nacional de Desarrollo, en términos de la conservación del patrimonio público, las nuevas opciones sustentables del desarrollo y las valoraciones del territorio que hoy definen las estrategias regionales y locales de integración.

Cuadro 3.1: ÁREAS BAJO RÉGIMEN DE ADMINISTRACIÓN ESPECIAL (ABRAE's)

	Categoría	Cantidad	Área (ha)	Área (%)
AB	Áreas Boscosas	39	3.387.889,00	5,08
ACP	Áreas Críticas con Prioridad de Tratamiento	7	3.599.146,00	5,40
AOP	Áreas de Protección de Obras Públicas	18	116.425,00	0,17
APRA	Áreas de Protección y Recuperación	4	15.168,00	0,02
ARDI	Áreas Rurales de Desarrollo Integrado	5	1.010.546,00	1,52
CMAP	Costas Marinas de Aguas Profundas	1	26.338,32	0,04
MN	Monumentos Naturales	36	4.276.178,00	6,42
PN	Parques Nacionales	43	13.066.640,00	19,61
RB	Reservas de Biósfera	2	9.602.466,00	14,41
RFA	Reservas de Fauna Silvestre	6	256.336,85	0,38
RF	Reservas Forestales	11	11.806.465,00	17,72
RFS	Refugios de Fauna Silvestre	7	251.261,56	0,38
RNH	Reservas Nacionales Hidráulicas	14	1.740.783,00	2,61
SPHC	Sitio de Patrimonio Histórico Cultural	2	3.609,00	0,01
ZAA	Zonas de Aprovechamiento Agrícola	6	357.955,00	0,54
ZP	Zonas Protectoras	64	16.260.546,00	24,41
ZRCE	Zonas de Reserva para la Construcción de Presas y Embalses	2	7.043,00	0,01
ZIT	Zonas de Interés Turístico	17	505.615,53	0,76
ZS	Zonas de Seguridad	93	41.302,43	0,06
ZSF	Zonas de Seguridad Fronteriza	6	294.315,52	0,44
	TOTAL	**383**	**66.626.029,21**	**100,00**

Fuente: MARN-DGB: Boletín Estadístico Forestal N° 5. Años 2002-2003.

Sección segunda: protección del patrimonio forestal
Estrategias de protección efectiva del patrimonio forestal
Artículo 69. Es responsabilidad del MINEC, en coordinación con los demás órganos y entes que conforman el Estado venezolano (debería incluirse también la participación de la inversión privada), velar por la protección efectiva del patrimonio forestal a través de acciones dirigidas a:
1. La formación de la cultura del bosque en la población, con la *educación ambien*tal (véase artículo 107 de la Constitución Nacional, 1999) y la difusión por medios masivos de los valores del patrimonio forestal del país (Capítulo V del presente manuscrito).
2. La delimitación, administración y resguardo de aquellos espacios del territorio nacional necesarios para la conservación del patrimonio forestal (de bosques naturales e implementación de bosques culturales en tierras de vocación forestal).
3. El monitoreo y evaluación periódicos de las condiciones (sanitarias) y estado del patrimonio forestal, para la prevención y detección temprana de riesgos y amenazas (niveles de deforestación para dar paso a otras acciones socioeconómicas e incendios forestales naturales o antropogénicos para expandir en Zona la actividad agropecuaria).
4. El estudio e investigación (continuo) orientados a mejorar el conocimiento sobre el comportamiento y dinámicas de los ecosistemas y especies forestales.
5. La restricción, condicionamiento o prohibición de actividades capaces de generar daños sobre el patrimonio forestal.
6. La prevención, mitigación y reparación (in situ o áreas compensadas) de daños sobre el patrimonio forestal causados por factores naturales o antrópicos.
7. Cualquier otra acción que contribuya con la sustentabilidad del patrimonio forestal.

Áreas de reserva de medio silvestre (ARMS)

Artículo 71. Son áreas de reserva de medio silvestre las por-

ciones de terreno que deben demarcarse en predios rurales, con el objeto de conservar el equilibrio ecológico y proteger el patrimonio forestal y la biodiversidad de la zona, ya sea a través de la conservación de espacios donde el ecosistema forestal local o especies autóctonas se presentan inalterados o poco modificados (foto de parte del ARMS de CECAT); o con aplicación de medidas de restauración ambiental en espacios aptos para este fin (como establece el Decreto No 3022 de fecha 3/6/1993, referido al ARMS).

IV. GLOSARIO DE TÉRMINOS BÁSICOS

Se consideró la Fuentes Indirecta Principal el Diccionario de Botánica bajo la dirección del Dr. P. Font Quer (1977), Editorial Labor, S.A., Barcelona-España; con complemento de conceptos operacionales del autor del libro, además de referencias bibliográficas, hemerográficas y mimiográficas reseñadas en el discurso escrito, u otra base teórica.

A continuación, se presentan las nociones más importantes reseñadas en el relato de este manuscrito, que el autor considero transcendentales su descripción:

4.1.- Ambientes y/o paisajes fisiográficos venezolanos.
Son las zonas Fitogeográficas de Venezuela, las cuales según Hoyos (1994) se pueden agrupar de la siguiente forma, con aportes del autor del presente libro:

4.1.1.- Áreas Boscosas:

4.1.1.1.- Zona xerofítica: En botánica se usa a grupos vegetales y flora específicamente adaptadas a la vida en un medio seco o ambientes secos. Es decir, plantas adaptadas a la escasez de agua en la zona en la que habitan como, por ejemplo: los Médanos de Coro (casi desierto), Bosque Xerofítico de Lagunillas de Mérida y de Carora, subregión Guajira e Isla de Zapara de la Región Zuliana, con la presencia de Tunales, Cardonales, Guasabarales, Guacharacales, Sisalares, Sabilares y Cujisales, entre otras especies.

4.1.1.2.- Bosque Tropófilo o Caducifolio Tropical: Los Bosques Deciduos, también son llamados secos, debido a que están constituidos por especies de árboles capaces de botar sus hojas, como un mecanismo de defensa o conservación de agua cuando la sequía se acentúa. El grado de caducidad del bosque es variable, ya que no todas las especies de árboles del bosque pierden la hoja. Por eso, se pueden observar copas sin hojas entre otras que todavía se mantienen siempre verdes. En gran parte, las especies maderables de estos prototipos de bosques, han sido explotadas por su gran valor para la industria, como el Apamate, el Acapro o Curarire, el Algarrobo, la Caoba, el Carreto, el Cedro, el Pardillo, el Mijao, el Samán o Laro y el Saquisaqui, entre otras tantas.

4.1.1.3.- Bosque Pluvial (Mesotérmico y Macrotérmico):
- Bosque Mesotérmico: Designado bosque nublado andino o montañoso (hasta 3000 msnm), moderado en cuanto a temperaturas altas, casi sin ningún mes seco y con el máximo de lluvias (Bosque San Eusebio en la vía Mérida –La Azulita con la presencia del Pino Laso o Pino criollo, representante autóctono en el país, p/e).
- Bosque Macrotérmico: Su temperatura varía entre 20 y 29 °C. Presenta además una pluviosidad variable, carac-

terística de tierra llana con tepúes (p/e: algunos paisajes de la Gran Sabana y de la Amazonia).

4.1.1.4.- Zona Hidrófila (**Bosque de Manglares**): Los ecosistemas de manglares, a pesar de su área de cobertura relativamente baja en comparación con otros biotopos terrestres como los bosques de latifoliadas o caducifolios tropicales, constituyen uno de los catorce (14) Biomas Terrestres de las Zonas Fitogeográficas del mundo.

Es decir, conforman unas cohortes singulares, sobresalientes de plantas y animales que habitan estos espacios con características físicas igualmente singulares y dada su importancia científica, ecológica, económica y socio-cultural, merecen su conservación, protección y resguardo para las generaciones venideras, sobre todo en la región Zuliana, donde ya casi no existen bosques naturales y en particular en la ciudad de Maracaibo, donde han desaparecido los bosque de manglares que existían en las riveras del Lago de Mcbo., solo conservándose pocos como el ubicado en Parroquia Coquivacoa del sector Capitán Chico de Santa Rosa de Agua (noreste de la ciudad), inaugurado por el Gobernador Arias Cárdenas (2015) con el apelativo de "Parque de Recreación Tierra de Sueños".

Para la conservación de dicho parque, se requiere con urgencia de la implementación de un Plan de Desarrollo, Administración y Manejo, que Promueva su Sustentabilidad, quizás concebida su creación basada en el artículo 2 de la Ley del Instituto Nacional de Parques (INPARQUES) publicado en la Gaceta Oficial No 2.290 de fecha 21/07/1978, complementado en el artículo 3 del Decreto No 2.817 del 10/09/1998, publicado en la Gaceta Oficial No 36.560 de fecha 15/10/1998, contentivo del Reglamento Parcial de la Ley del INPARQUES, para la Administración de los Parque de Recreación a Campo

Abierto o de Uso Intensivo (PRCAUI) adscritos al Sistema Nacional de PARQUES.

En Venezuela, los manglares se extienden en una línea costera de alrededor de 3.200 Km (MARNR, 1986), lo que se corresponde a la variabilidad y diversidad ambiental de las costas venezolanas, con golfos, ensenadas, ciénagas y desembocadura de algunos caudalosos ríos (El Orinoco, p/e), que se alternan con costas arenosas y rocosas o acantiladas. Este ecosistema de bosque hidrófilo o Manglar se caracteriza por presencia básicamente de especies como: Mangle rojo (*Rhizophora* brevistyla), Mangle negro (*Avicennia nítida*) y Mangle blanco (*Laguncularia racemosa*).

En ambos extremos (occidental y oriental), se hallan bosques de manglar prácticamente en todos los estados costeros, resaltando las desembocaduras de los grandes ríos que surten el Golfo Triste, el golfo de Cariaco, las lagunas de Píritu, Unare, Tacarigua y Carenero, la costa de los estados Carabobo y Falcón, y la costa del Lago de Maracaibo. En la región insular se presentan bosques de manglar en la isla de Margarita y en el archipiélago de Los Roques, así como pequeños parches en las islas de Aves, La Orchila, La Tortuga, La Blanquilla, Los Hermanos y Los Testigos (ob. cit., 1986)

Entre los años 2008 y 2009, la República Bolivariana de Venezuela y la Organización de Maderas Tropicales (**OIMT**), desarrollaron el proyecto "Evaluación de los Manglares al Noreste del Delta del Orinoco en Venezuela, con fines de Aprovechamiento Forestal Sostenible", con el objetivo de definir políticas de Conservación y Manejo Sustentable de los Manglares Costeros ubicados en el Estado Delta Amacuro.

Los resultados obtenidos del proyecto señalan los siguientes resultados:

a) Caño Angostura presentó la abundancia de 412,73 árboles/ha, área basal 35,83 m²/ha y potencial para horcones y postes. El 79,59 % de los árboles presentan calidad buena y posición sociológica dominante del 80,20%,
b) Mientras que Caño Capure presentó 477,78 árboles/ha, área basal a 28,75 m²/ha y potencial para postes y horcones. El 69,66% de los árboles son de calidad buena y 50,56% posición sociológica co-dominante.
c) En Caño Simoina la abundancia presentó 550 árboles/ha, área basal 46,52 m²/ha.
d) En el sector Caño Napayaja es de 500 árboles/ha y área basal 10,83 m²/ha.

4.1.2.- Zonas No boscosas:
4.1.2.1.- Páramo andino, presencia de la especie de Frailejón que adorna los paisajes con sus flores amarillas.
4.1.2.2.- Sabana llanera en sus tres (3) modalidades:
✓ Sabanas Limpia o sabana propiamente dicha,
✓ Sabana semi-arbolada con las denominadas matas ecológicas, que son los grupos de árboles en medio de la sabana, o con la presencia de Morichales u otras palmas, y
✓ Sabanas boscosas en el marco del Bosque Caducifolio Tropical de tierras planas.
4.1.2.3.- Sabanas de las tierras altas de Guayana (Serranía Roraima, p/e), y
4.1.2.4.- Médanos: Son extensiones casi desiertas, pero con la presencia de algunas especies botánicas, como los resistentes cujíes; disfrutar como ejemplos los médanos de Coro en el estado Falcón (Parque Nacional) e Isla de Zapara en el estado Zulia.
4.2.- Ecosistema Bosque.
Sistema ecológico cubierto por árboles en sus diferentes estratos y sotobosque, que interactúan con el medio donde están establecidos. Existen diferentes clases de bosque:

4.2.1.- Bosque virgen, selvático o de carácter primario, como las selvas del suroeste del país ubicadas en el estado Bolívar;

4.2.2.- Bosque secundario o Bosque intervenido en recuperación, que están constituidos por la mayoría de los bosques existentes en el país;

4.2.3.- Bosque Ribereño, Riporio o de Galería, ubicado a ambas márgenes de cursos de agua (ríos y caños, p/e), considerados Zonas Protectoras, que es una ABRAE que es declaradas por Ley (artículo 54 de la Ley de Aguas, 2007); definido como la comunidad arbórea que bordea un curso de agua; si la trayectoria de agua atraviesa una zona no boscosa (sabana abierta, p/e), en la cual la formación arbórea desarrollada en sus riberas se apela regularmente bosque de galería (Mapa de Cobertura Vegetal, 2010).

4.2.4.- Bosque productor, de explotación forestal, maderable o con especies abundantes de elevado valor comercial que surten las industrias forestales primarias y secundarias; no obstante, todos los bosques producen bienes o servicios útiles para la sociedad, pero a los efectos que ahora nos interesan se entiende por bosque productor aquel cuyo objetivo principal sea la producción de bienes de mercado (madera, leñas, corcho, resinas, setas, caza, fijación de CO_2 o varios de estos conjuntamente).

A continuación se presentan a modo comparativo cuadros alusivos a la producción de madera en rolas en Venezuela para los estados mayormente proveedores, así como la producción de algunas especies maderables para la construcción y para la fabricación de muebles, e incluye también la distribución de aserraderos en Venezuela y los estados donde se han instalado, que fundamentalmente coinciden con entidades productoras de madera; cuyos cuadros, aun cuando contienen datos de más 50 años de edad, admite cuantificar la productividad del patrimonio forestal venezolano para la época y evidencia la decadencia de la productividad de los bosques en el país y en el estado Zulia donde, prácticamente han desaparecido los bosque y existen pocos aserrados funcionando. Por su parte, la industria mecánica de la madera desarrollada en el Zulia, está integrada por las fases de aserrío, contrachapado y aglomerado (véase **cuadro 4.2.4.4**).

En Venezuela (1960-1972) existía un total de 200 aserraderos que principalmente se dedican a la industria del aserrío, donde se procesaban las diferentes especies de valor comercial o maderable para consumo nacional y regional (véase **cuadro 4.2.4.1**).

Cuadro 4.2.4.1: Producción de Madera en Rolas (en m³) en Venezuela

Año	Total Nacional	Barinas %	Bolívar %	Portuguesa %	Zulia %	% total	Restante % Importado
1960	276.638	20.4	5.1	36.0	13.1	74.6	25.4
1961	268.288	27.6	5.2	26.2	9.6	68.6	31.4
1962	287.756	27.8	7.5	29.6	6.6	71.5	28.5
1963	319.213	30.8	12.5	24.2	7.1	74.6	25.4
1964	407.552	31.5	10.9	25.7	6.5	74.6	25.4
1965	439.780	34.0	10.8	19.3	6.5	70.6	29.4
1966	452.074	34.1	10.2	24.8	4.3	73.4	26.6
1967	447.514	32.1	13.1	21.5	5.5	72.2	27.8
1968	462.435	41.6	13.3	16.4	5.0	76.3	23.7
1969	414.670	34.8	14.4	20.2	4.6	74.0	26.0
1970	437.444	42.5	9.7	19.6	5.2	77.0	23.0
1971	470.055	38.0	14.9	19.2	6.2	78.3	21.7
1972	560.454	35.1	14.6	19.0	6.5	75.2	24.8

Fuente: MAC: *Anuario Estadístico Agropecuario 1973*.

Cuadro 4.2.4.2: Producción de Algunas Especies Maderables Para la Construcción (en m³) a nivel nacional Vs Edo Zulia

Especies	1969			1970			1971			1972		
	Nacional	Zulia	%	Nacional	Zulia	%	Nacional	Zulia	%	Nacional	Zulia	%
Mijao/Caracolí	78.542	615	0.8	104 732	724	0.7	100.781	2 057	2.0	92 385	3 749	4.1
Saqui-Saqui	101.113	6.64	6.6	121 456	5 885	4.8	85 966	6 123	7.1	123 851	9 961	8.0
Jabillo	11.507	652	5.7	7 772	496	6.4	16 953	1 478	8.7	22 494	1 840	8.2
Samán/Lara	39.967	639	1.6	39 301	409	1.0	48 564	1 403	2.9	73 391	1 853	2.5

Fuente: MAC. DRNR, *Sección de Economía Forestal.*

Cuadro 4.2.4.3: **PRODUCCION DE ALGUNAS ESPECIES PARA MUEBLES (en m³)**

Especies	1969			1970			1971			1972		
	Nacional	Zulia	%	Nacional	Zulia	%	Nacional	Zulia	%	Nacional	Zulia	%
Caoba	23 146	-	-	18 325	42	0.2	22 764	16	0.07	22 607	34	0.1
Cedro	19 232	992	5.2	13 127	1 320	10.1	15 563	969	6.2	19 617	1 400	7.1
Apamate	27 418	179	0.6	20 606	136	0.7	25 570	77	0.3	30 219	8	0.03
Pardillo	22 031	10	0.05	18 397	4	0.02	21 352	33	0.1	19 125	101	0,5

Fuente: DRNR, MAC. *Sección de Economía Forestal*. Se evidencia mengua de la producción en el Zulia

Cuadro 4.2.4.4: DISTRIBUCIÓN DE ASERRADEROS EN VENEZUELA

Localización	Aserraderos N°	Aserraderos %	Contrachapados N°	Contrachapados %	Aglomerados N°	Aglomerados %
Venezuela	*200*	*100.0*	*12*	*100.0*	*5*	*100.0*
Zulia	35	17.5	-	-	-	-
Miranda	25	12.5	4	34.0	3	60.0
Portuguesa	24	12.0	-	-	1	20.0
Bolívar	23	11.5	-	-	-	-
Barinas	16	8.0	-	-	-	-
Carabobo	-	-	4	34.0	-	20.0
Aragua	-	-	2	16.0	1	20.0
Táchira	-	-	1	8.0	-	-
Distrito Federal	-	-	1	8.0	-	-

Fuente: DNRN. MAC. *Sección de Economía Forestal, 1973.*

En el Cuadro **4.2.4.4** se muestra la distribución de los aserraderos, las fábricas de contrachapados y aglomerados, comparados con los existentes en el Estado Zulia y restos de estados que tienen instalados. Se observa en este cuadro que el Estado Zulia cuenta con el mayor número de aserraderos (35 en total) o sea el 17.5% de los existentes en el país (cercano a la década de los 80 se instalan en Villa del Rosario a TABLICA con las Industrias de contrachapado (provisto en particular con especies de maderas blandas) y aglomerado (con residuos resultantes del aprovechamiento de la especie Samán, provenientes de explotaciones selectivas de Permisos Anuales). La producción promedio anual de madera en rolas para el Zulia para la época es de unos 25.000 m^3, casi toda procesada en estos 35 aserraderos, lo cual gestiona un promedio anual por aserradero de 714 m^3, cantidad sumamente baja para ese tipo de instalación.

Según las estadísticas de DNRN. MAC, 1973 e investigaciones del autor del manuscrito, en el estado Zulia la capacidad promedio instalada de los aserraderos en el Estado Zulia hace más 40 años era de 15 m^3/día y la capacidad aprovechable promedio era de 6 m^3/día por turno de 8 horas de trabajo; quizás porque la maquinaria utilizada por estos aserraderos era obsoleta y se estima que el promedio de años de uso de las sierras es de 16 años. Aproximadamente el 30% de los 35 aserraderos operaban con sierra de disco y los 25 restantes operan con sierras de cinta. Existía solo un aserradero con una sierra de 180 cm de diámetro del volante (más moderna), y dos aserraderos con sierras entre 100 y 120 cm de diámetro (situación que se mantuvo por décadas).

4.2.5.- Bosque maduro o en estado clímax, también denominado selvas;

4.2.6.- Bosque protector de suelos y de aguas; entre otros los bosques resultantes de la Agroforestería o sistemas silviculturales (Agro-Silvo, Silvo-Pastoril y Agro-Silvo-Pastoril).

4.3.- Ecosistemas venezolanos.

Según http://www.bing.com/search?q=+%09+%09Ecosistemas+venezolanos&go=&qs=ds&form=QBRE (consultado en mayo de 2014), Venezuela es un país de 916,445 m^2 de territorio, cuyos espacios naturales se dividen en zonas o regiones:

- Depresión Lago de Maracaibo,
- Cordillera Andina (Táchira, Mérida y Trujillo),
- Los Llanos (orientales y centro occidentales),
- Sur del Orinoco,
- Zonas desérticas o semi áridas, y
- Las Costas venezolanas.

Dichos espacios naturales contienen un patrimonio natural muy superior al de cualquier país europeo, enfatizado por su especial condición geográfica ubicada al norte de Sur América y de ser al mismo tiempo paisajes con grandes atractivos turísticos o bellezas escénicas, tales como los mencionados a continuación:

4.3.1.- Amazónico situado al Sur del Orinoco, donde existen las más grandes Reservas Forestales del país: Imataca, Sipapo, Paragua y Caura, característico de Bosque Pluvial

Macrotérmico o Selva Siempre Verde, con la presencia de Tepúes (Roraima, por ejemplo) y los cerros de Pantepui (sabanas de las tierras altas de Guayana), ríos y Cascadas (El Salto Ángel, p/e) y el Parque Nacional Canaima, promulgado el 12 de junio de 1962 y declarado Patrimonio de la Humanidad por la UNESCO en el año 1994;

4.3.2.- Cordillera Andina: con sus nieves perpetuas en el Pico Bolívar del estado Mérida, desaparecida con avistamiento temporal y su Bosque Pluvial Mesotérmico o Nublado Andino, con la presencia del majestuoso Pino Laso o Pino Criollo (Decussocarpus rospigliosii), como única especie representante de las coníferas en Venezuela;

4.3.3.- Zonas desérticas o semi áridas: ubicadas en el estado Falcón (Médanos de Coro), en el Zulia Isla de Zapara, en la Guajira colombo-venezolana, en Carora estado Lara y en Lagunillas estado Mérida.

4.3.4.- Costas venezolanas o zona caribeña bañadas con el mar Caribe o de las Antillas, las cuales cubren sus litorales que pertenecen al Océano Atlántico, con la presencia de enorme variedad de hábitat que incluyen:

4.3.4.1.- Ecosistemas Pelágicos: presencia del fitoplancton (algas microscópicas), el zooplancton (invertebrados muy pequeños), algunas algas y peces, tortugas marinas, delfines y ballenas que se encuentran en el mar, u otras especies de flora y fauna.

4.3.4.2.- Ecosistemas de archipiélagos o arrecifes coralinos de los Roques, por ejemplo.

4.3.4.3.- Reservas marinas: Área de resguardo de los recursos Hidrobiológicos, con el objeto de proteger zonas de reproducción, caladeros de pesca y áreas de repoblamiento por manejo. En el país no se ha decretado esta Área Bajo Régimen de Administración Especial (ABRAE), definidas en la Ley Orgánica de Ordenación del Territorio (1983).

4.3.4.4.- Lagos existentes en Venezuela (Maracaibo y Valencia, p/e).

4.3.4.5.- Bosque de manglares o Bosque Hidrófilo, que son típico de las zonas tropicales y sub tropicales, algunos de los cuales aún presentes en el Lago de Maracaibo, como por ejemplo el Parque Ecoturístico "Tierra de Sueños" ubicado en Santa Rosa de Agua.

4.3.5.- Sabanas Llaneras constituidas por los siguientes ámbitos geográficos:

4.3.5.1.- Morichales o comunidades de la Palma moriche (Mauritia flexuosa), protegida en el país mediante el Decreto No 846, contentivo de las: "Normas para la protección y conservación de Morichales", promulgado en la G.O N° 34.462 de fecha 08-05-1990, característica en áreas de drenaje o cañadas con agua limpia o no contaminada.

4.3.5.2.- Chaparrales: son bosques siempre verdes estacionales caracterizados por tener baja altura (4-10 m), densos a ralos. Estos bosques se consiguen en áreas degradadas en zonas de pastizales y cultivos no activos, pudiendo tornarse sumamente densos. La composición específica de estos bosques es más bien uniforme, siendo los árboles dominantes, como: Chaparro (Curatella americana), Chaparro vidrio (Byrsonima crassifolia), Alcornoque (Bowdichia virgiloides) y Carne asada (Hieronyma laxiflora).

Tales bosques carecen de un suministro adicional de agua que soporte la comunidad forestal tradicional. Generalmente se ubican en los topes de bancos bajos de las napas de desborde y su organización vertical y estructura florística es menos compleja que la de los bosques rivereños. Se puede considerar que, por su altura, llegan a constituir bosques medios densos Semi-deciduos o semi siempre-verdes. Son comunes en áreas de incendios forestales periódicos, que han desarrollado reproducción estoloníferas, que fue determinado en la práctica de campo de Ecología Vegetal (1882) en el Edo Barinas.

4.3.5.3.- Bosque Tropófilo o Caducifolio Tropical, con una gran diversidad de ambientes rivereños. Los bosques tropicales son aquellos bosques situados en la zona intertropical entre el Trópico de Cáncer y Trópico de Capricornio, cuya vegetación predominante es de hoja ancha (Latifoliadas). Su temperatura promedio anual es, por lo general, superior a los 24°C, y su humedad es muy variable. Se dan tres clases diferenciadas de acuerdo con su pluviosidad: el bosque seco, el bosque monzónico y el bosque húmedo. A estos tipos habría que añadir los bosques de inundación o humedales (ribereños o de galería).

4.3.6.- Lago de Maracaibo: Limita al Norte con el Mar Caribe, al Oeste con la República de Colombia, al Este el sistema Coriano y al Sur Los Andes venezolanos. Es una fosa tectónica de relieve plano, conformado por rocas sedimentarias en su mayoría, con vegetación de selva hidrófila al sur (Santa Bárbara del Zulia). El subsuelo de la depresión contiene los yacimientos petrolíferos más importantes del país. El clima es cálido, con una temperatura promedio anual de 27,8 °C (en las tierras bajas) y con temperaturas templadas y frías en Sierra de Perijá que da secuencia a la Sierra Andina.

En el año 1968 fue publicado el estudio "Zonas de Vida de Venezuela," el cual está basado en la clasificación de las formaciones vegetales del mundo ecológico del Dr. Leslie R. Holdridge. Dicha clasificación constituye un sistema de alcance mundial y define los factores ecológicos por medio de asociaciones vegetales características, lo que permite la comparación directa de diferentes áreas y a la vez determina la interrelación intima de los factores de los medios que conforman el ambiente (físico, biológico y socioeconómico), la vegetación primaria y secundaria.

Anexo a dicho estudio la Memoria Explicativa sobre el Mapa Ecológico de Venezuela de los autores John Ewel Arnoldo Madriz y Josepha Tosí Jr., Caracas, MAC - 1968 2da Edición – 1976, el cual muestra la distribución geográfica de más de 22 zonas de vida o formaciones vegetales para todo el país. Según esta clasificación, en la Depresion Lago de Maracaibo existen nueve tipos de zonas de vida, pertenecientes gran parte a la cuenca hidrográfica del Lago de Maracaibo y son las siguientes:

i. *Maleza desértica tropical*

Es una de las formaciones de ambiente más seco que se halla en el país (junto a los Médanos de Coro), y con mayor representación en el extremo de la península de la Guajira (Alta Guajira, Castillete), con una superficie aproximada de 92 km^2 aunado a la Isla de Zapara. La altitud varía desde el nivel del mar hasta 50-100 m, y presentan las siguientes características físicas-naturales:

a) Clima: La temperatura media es mayor de 24°C; la precipitación varía entre 200 y 500 mm y la evapotranspiración potencial es de 4 a 8 veces superior a la precipitación.

b) Vegetación: La vegetación primaria de la asociación ya no existe prácticamente y algunos representantes secundarios son el cardón, la tuna blanca, el cují, el jobo y el trompillo. El suelo se forma muy lentamente predominando el paisaje pedregoso. Esta zona no tiene importancia agroforestal por sus inclementes condiciones bioclimática y edafológicas, que son las que moderan la presencia de vegetación en un lugar.

ii. *Monte espinoso tropical*

Se presenta desde el nivel del mar hasta unos 200 metros de altitud; limita con la formación anterior en la Península de la Guajira y se extiende hasta Paraguaipoa ocupando una superficie aproximada de 906 km².

a) Clima: La temperatura media es mayor de 24°C; la precipitación varía entre 200 y 500 mm y la evapotranspiración potencial es de 4 a 8 veces superior a la precipitación.

b) Vegetación: Está representada por asociaciones de crecimiento secundario y en algunos sitios el bosque primario está sumamente degradado; algunas especies forestales indicadoras son el jobo, el jacure, el buche, el guamacho, el toco, la tuatúa (es un sufrútices) y el guayacán. Predomina el sobrepastoreo de ganado caprino.

iii. *Bosque muy seco tropical* (Bms-T)

Esta formación va desde el nivel del mar hasta unos 600 metros. Se extiende en forma de franja desde Paraguaipoa y límites con Colombia, pasando por el campo La Paz hasta la desembocadura del río Palmar, en la parte occidental del Lago de Maracaibo, y en la parte oriental con un límite aproximado que pasa cerca de Ciudad Ojeda hacia el norte; ocupa una superficie aproximada de 6.976 km².

a) Clima: La temperatura anual promedio varía entre 23 y 29°C y las precipitaciones entre 500 y 1 000 mm; la evapotranspiración es de 2 a 4 veces superior a la precipitación. Esta última ocurre en forma de fuertes aguaceros, lo que ha contribuido a producir una erosión acelerada. El desarrollo de esta zona de vida está limitado por la falta de buenos suelos y agua permanente.

b) Vegetación: Apenas se encuentran algunos representantes del bosque primario, que ha sido destruido. En el crecimiento secundario la recuperación es muy lenta como para producir una cobertura protectora. Los factores limitantes son la quema, el pastoreo de ganado caprino, la erosión acelerada y la explotación de árboles para estantes y leña. Las especies forestales representantes son la Vera negra, el Curarire o puy, el Jabillo, el Apamate o roble blanco y el Jobo.

iv. *Bosque seco tropical* (Bs-T)

La formación se extiende desde el nivel del mar hasta los 400 a 1000 metros. Corre en forma de franja desde los límites con Colombia (Misión de Guana) y hacia el sur, encerrando las Ciénagas de Juan Manuel y poblaciones como Encontrados y Santa Bárbara, y luego se dirige hacia el nordeste en franja angosta hasta los límites con Trujillo, continuando luego hacia el norte por la costa oriental del lago. Ocupa la mayor superficie del Estado Zulia, con un área aproximada de 23 690 km².

a) Clima: La temperatura promedio es de 22 a 29°C y la precipitación de 1000 a 1800 mm. La evapotranspiración potencial es mayor de 0.9 a 2.0 veces la precipitación. Se presentan fuertes sequías de 4 a 6 meses y estación sobrante de agua.

b) Vegetación: Se localiza el bosque clímax, con especies deciduas; sus representantes son el guácimo, el cedro amargo, el Apamate o Roble blanco, el gateado, la ceiba o Majumba (yuca blanca), el pardillo, el samán o Lara, la copaiba o cabima y el roble.

Esta zona de vida es la de mayor riqueza de recursos madereros y por consiguiente se evidencia el bosque secundario, como el resultado de las explotaciones forestales y los incendios periódicos, así como el abandono de las áreas por los agricultores que han degradado sus tierras. Algunas especies representativas son el samán, la copaiba, el jobo, el caro, la ceiba, el camoruco o cacahuito, algarrobo y el mijao o caracolí (en asociaciones húmedas edáficas). También se presentan sabanas, consecuencias de la misma degradación y existen bosques de galería (de Rivera o Riporios) que bordean los ríos. La temperatura y la precipitación aseguran el éxito de los cultivos y hace que esta zona de vida sea propicia para la explotación agrícola y ganadera. El aumento de las actividades agropecuarias ha reducido el área de bosques haciendo desaparecer especies como el cedro, la caoba, el gateado, el apamate, el caro, el samán y el mijao.

v. *Bosque húmedo tropical* (Bh-T)

La formación se extiende desde el nivel del mar hasta casi 1000 metros de altura, con excepción de ciertas áreas como la falda sudeste de la sierra de Perijá. Por su tamaño es la segunda zona de vida del Estado Zulia, ya que abarca una superficie aproximada de 13000 km². Se extiende en forma de franja ancha desde cerca de la población de Machiques hasta los límites con Colombia, en el río Intermedio, y luego sigue hacia el sudeste, hasta límites con el Edo Táchira, dirigiéndose luego hacia el nordeste en franja muy estrecha. Su límite inferior es la Carretera Panamericana y el superior la formación bosque seco tropical.

a) Clima: La temperatura promedio es de 24°C, la precipitación de 1.800 a 3.800 mm y evapotranspiración fluctúa entre 45 a 90% de la precipitación.

b) Vegetación: El bosque primario presenta una vegetación exuberante. Sus representantes principales son: cedro amargo, ceiba roja, Mijao o caracolí (común en el bosque de galería), guayabón, pardillo y gateado. En el bosque secundario se localizan especies como mijao, gateado, jobo, Araguaney (Handroanthus chrysantha), decretado árbol emblemático nacional (véase fotografía), Apamate o roble blanco, pardillo, balso, bucare, Camoruco o cacahuito, entre otras especies comunes de esta zona de vida.

La tendencia de utilización de esta zona de vida es la colonización y conuquerismo tradicional (el conuco moderno seria las modalidades de la Agroforestería); así se observa que, en la parte sur del lago, lo que otrora fueran grandes macizos boscosos con especies valiosas, hoy en día son grandes haciendas cubiertas de pastizales y fundos dedicados a la agricultura.

vi. *Bosque húmedo premontano* (Bh-P)

Se encuentra en la serranía de Perijá y ocupa un área aproximada de 1811 km^2. Se extiende generalmente desde los 550 metros hasta los 1.500 msnm.

a) Clima: La temperatura media anual oscila entre los 18 y los 24°C. La precipitación está entre los 1100 y 2200 mm. La evapotranspiración potencial varía entre 0.5 y 1.0 con respecto a la precipitación.

b) Vegetación: El bosque original ha desaparecido en muchos sitios por el uso agrícola y pecuario, aunque se hallan remanentes en lugares de fuerte pendiente, donde los suelos son muy pobres. Como representantes de esta formación se encuentran las siguientes especies: mijao, jobo, apamate, araguaney y camoruco.

vii. *Bosque muy húmedo premontano* (Bmh-P)

Esta formación está comprendida entre 500 y 1 700 metros sobre el nivel del mar y se encuentra situada en la serranía de Perijá; ocupa un área aproximada de 1 811 km^2.

a) Clima: La temperatura promedio varía entre 18 y 24°C y la precipitación entre 2 000 y 4 000 mm. La evapotranspiración es de 0.25 a 0.50 en relación con la precipitación.

b) Vegetación: El bosque clímax está compuesto por árboles de gran porte y elevado número de especies; cuando se produce un claro en el bosque tiene lugar una fuerte regeneración dominada por plantas herbáceas, bejucos, y árboles de crecimiento rápido.

Los representantes de la zona son: araguaney, apamate, caujaro, tacamajaco y sangrino. Esta zona ha sido relativamente poco explotada debido a las limitaciones climáticas y topográficas.

viii. *Bosque muy húmedo montano bajo* (Bmh-MB)
Se extiende entre los 1.500 y los 2.600 metros sobre el nivel del mar y predomina la topografía abrupta; se encuentra situado en la serranía de Perijá y cubre una superficie aproximada de 1.491 km^2.

a) Clima: La temperatura media es de 12°C y la precipitación de 2.000 a 4.000 mm. La evapotranspiración potencial fluctúa entre 0.25 y 0.50 en relación con la precipitación.

b) Vegetación: El bosque primario ha sido poco talado para uso agrícola, lo que ha permitido su conservación. Algunas especies representativas son el guácimo, el saisai, covalonga, guamo, quino, laurel y otras.

ix. *Bosque muy húmedo montano* (Bmh-M)
Se encuentra ubicado en la sierra de Perijá, entre los 2.500 a 3.500 metros sobre el nivel del mar y predomina la topografía abrupta. El área cubierta por esta formación en la serranía de Perijá que alcanza unos 453 km^2, la mayoría son ABRAE's.

a) Clima: La temperatura promedio oscila entre 6 y 12°C y la precipitación es de 1000 a 2000 mm. La evapotranspiración potencial es de 0.20 a 0.50.

b) Vegetación: Se trata de bosques primarios casi inalterados. Algunas especies representantes son el helecho arbóreo, el copey y el huesito de pantano. No desempeña ningún papel importante en la economía forestal del Estado Zulia.

4.4.- Clorofila.
Pigmento de color verde contenido en las hojas, ramas y tallos tiernos de la mayoría de las plantas, que deben su color, por hallarse situados en los cloroplastos de sus células.

4.5.- Fotosíntesis.

Proceso fisiológico que consiste en sintetizar los hidratos de carbono, cuyo proceso es realizado con el concurso de la luz solar como manantial de energía, con la presencia de agua y CO_2 que es el elemento principal de los gases del "efecto invernadero" (GEI), los cuales provocan el calentamiento global de la tierra, produciéndose en el proceso fotosintético alimentos y el oxígeno que respiramos animales y humanos.

4.6.- Inventario Forestal

El Artículo 38 de la Ley de Bosque (Gaceta Oficial No 40.222 de fecha 06/09/13), indica que el inventario forestal nacional forma parte del sistema de información forestal y tiene por objeto la identificación, registro y sistematización de la información referida a las características, condiciones, potencialidades y distribución espacial de los bosques y otros ecosistemas asociados, e incluye la existencia de la información a través de varios años, por parte del ente que realiza la recolección y el análisis de la información forestal, que pueda ser considerada como una serie, que permita su análisis y la difusión, con la mención de fuentes internas como el BCV, Superintendencias de Aduanas, etc., incluye:

- Cubierta forestal en el país, según instituciones gubernamentales y algunos autores que consideran que es mayor a la mitad del territorio venezolano
- Porcentaje del territorio nacional cubierta por bosque y de tierras de vocación forestal,
- Superficie anual plantada y existente actualmente en Venezuela,
- No de árboles maderables en pie que constituyen el bosque en el país y m^3 existente,
- Corta anual de madera en rolas,
- Producción industrial anual,

- Importación y exportación anual de productos forestales,
- Mano de obra ocupada por el aprovechamiento e industria forestal en Venezuela.

4.7.- Patrimonio Forestal

Según el Artículo 42 (Ejusdem), el patrimonio forestal del país comprende todos los tipos de bosques naturales o plantados, los árboles fuera del bosque, otras formaciones vegetales no arbóreas asociadas o no al bosque (matorrales, herbazales, epifitas, u otros), las tierras de vocación forestal y los productos forestales (primarios y secundarios resultantes del bosque natural o de las plantaciones forestales / bosque cultural).

4.8.- Bosque natural

A los efectos de la Ley de Bosque (2013), el Artículo 43, considera bosque natural al ecosistema que abarque superficies iguales o mayores a media hectárea (0,5 ha), que se ha formado espontáneamente mediante la interrelación entre los factores bióticos y abióticos específicos de un determinado sitio geográfico, caracterizado por los individuos de especies forestales arbóreas (con exigencias ecológicas similares a las condiciones edafo-climáticas que ofrece la zona donde se han establecido sin acción antrópica).

4.9.- Bosque plantado y/o Bosque Cultural

Artículo 44 (Ejusdem): A los efectos de esta Ley, se entiende por bosque plantado el ecosistema dominado por individuos arbóreos constituido por acción humana a partir del establecimiento en superficies iguales o mayores a media hectárea (0,5 ha), de una o varias especies forestales en función de los elementos bióticos y abióticos presentes característicos del área, con fines de uso múltiple (boque productivo o conservacionista dispuestos para la protección de los recursos naturales, las actividades humanas y para la recreación, principalmente), mediante algunas Técnicas de Bioingeniería, tales como: Reforestaciones, Forestaciones, Plantaciones forestales Agroforestería y Arboricultura.

4.10.- Árboles fuera del bosque
Articulo 45 (Ejusdem): Los árboles fuera del bosque comprenden los individuos arbóreos que se encuentran en áreas rurales o urbanas, aislados o en grupos (matas en las sabanas llaneras) localizados en superficies menores a media hectárea (0,5 ha).

4.11.- Formaciones vegetales no arbóreas asociadas o no al bosque (Articulo 46): Las formaciones vegetales no arbóreas caracterizadas por distintas formas de vida asociadas o no al bosque (matorrales, herbazales, epifitas, enredaderas rastreras o aéreas, bejucos, lianas, entre otras formas de vida), son elementos indispensables para el equilibrio ecológico y la sustentabilidad de los ecosistemas forestales y por ende, debe asegurarse la conservación tanto de la formación en su conjunto como de las distintas especies que la integran en los términos que determine la autoridad ambiental.

4.12.- Tierras de vocación forestal
Artículo 47 (Ejusdem): Son tierras de vocación forestal, las provistas o no de vegetación (arbórea o arbustiva, básicamente) que por su localización, características, funciones, potencialidades y uso actual o por disposición de una norma jurídica, deben destinarse al uso forestal (de manera continua bajo el enfoque de sustentabilidad). // También consideradas tierras marginales o clase VII según la FAO, donde se pueden establecer los bosques con fines de uso múltiple (productivo o conservacionista), bajo la disposición del Artículo 5 de la mencionada Ley de Bosques (2013), que establece: Se declaran de or-

den público las disposiciones que rijan las materias siguientes:

1) La Conservación de especies y ecosistemas forestales de especial valor ecológico.

2) El Fomento de bosques en todo el territorio nacional.

3) La Educación ambiental y cultura del bosque.

4) La inclusión y la participación ciudadana en la *gestión del patrimonio forestal* (que según el artículo 7 de la misma ley, es el conjunto de acciones y medidas orientadas a lograr la sustentabilidad de los bosques y demás componentes del patrimonio forestal, que serán orientados al logro con los siguientes fines: véase numerales 1 al 18 de ley).

5) La Investigación e innovación ecológica para el desarrollo forestal sustentable.

6) La Prevención y control de ilícitos contra el patrimonio forestal.

7) El Fortalecimiento de las cadenas productivas forestales (véase punto 4.12.1).

4.12.1.- Boque comercial (es peyorativo), sería mejor Bosque **productivo**: Constituye potencial de bienes forestales, representado en la máxima obtención de los productos derivados del bosque natural o cultural, expresada por lo general en m^3 de madera resultante de una estación forestal o RODAL, con las restricciones que impone el suelo y el clima de esa zona, considerando los lineamientos para el manejo forestal sustentable (véase Art. 52 de la citada Ley de Bosque).

4.12.2.- Bosque conservacionista: son bosques que son necesarios mantenerlos en pie a los fines que cumplan sus múltiples funciones benéficas o valores tangibles e intangibles en la protección de los componentes de la naturaleza o el ambiente. Mientras que la conservación de los bosques es el uso prudente de la munificencia de la naturaleza, en oposición a la explotación desenfrenada de los mismos (deforestación o tala); la cual incluye la producción intensiva de madera hasta la preservación total de los cuatro (4) tipos de bosques existentes en la tierra: Tropical, Subtropical, Templado y Boreal, para proporcionar sus múltiples beneficios a los componentes del ambiente (agua, aire, suelo, fauna, clima), a la sociedad y sus actividades que realiza.

La conservación de los bosques (art. 69, Ley de Bosque, 2013) está orientada máxime a la recreación o solaz esparcimiento, para la investigación y para la educación, que están concretadas en las ABRAE's (artículo 62), aunado al paisajismo que está vinculado con el # 5 del art. 7 (Ejusdem), la cual establece la promoción de la *silvicultura urbana* o *arboricultura* que es la arborización sustentable de ciudades y demás centros poblados; así como con la Agroforestería y las cuotas anuales del Plan de Repoblación Vegetal, como compromiso del *Plan de restauración ecológica* (PRE) de áreas afectadas por las actividades capaces de degradar a los medios que conforman el ambiente, cuyo plan de repoblación está integrado en la mayoría de los casos por las reforestaciones con especies del bosque nativo y las revegetaciones de frutales perennes de la zona de plantaciones, para resarcir con mayor facilidad a la fauna silvestre que había emigrado.

Por su parte, el Plan de Restauración Ecológica (PRE), asociado a las ABRAE's y a la delimitación y manejo del **ARMS** en las unidades de producción agropecuarias, como medidas de control ambiental para amplificar el patrimonio forestal, es un requerimiento establecido en el artículo 27 del Decreto No. 2.212 de fecha 23/04/1993, contentiva de las Normas sobre Movimientos de Tierra y Conservación Ambiental, publicado en la Gaceta Oficial de la República de Venezuela No. 35.206 de fecha 07/05/1993.

Según el Art. 62 de la citada ley de bosque, las áreas bajo régimen de administración especial (ABRAE's) para la conservación del patrimonio forestal, son aquellas sujetas a regulaciones especiales que, por sus características o localización, se destinan a la conservación de ecosistemas y recursos forestales, en los términos previstos en esta Ley. Se consideran como tales:

1. Las áreas bajo régimen de administración especial que tengan como fin la protección integral de recursos naturales, tales como zonas protectoras (decretadas por ley o por Decreto Ejecutivo, art. 68), parques nacionales, monumentos naturales y reservas de biosfera, sin perjuicio de otras categorías de ordenamiento territorial que tengan este fin.

2. Las áreas bajo régimen de administración especial que tengan como fin el manejo sustentable del patrimonio forestal, tales como *reservas forestales* (artículo 63), áreas boscosas bajo protección, zonas protectoras del patrimonio forestal y otras áreas de la misma naturaleza jurídica, establecidas conforme a lo previsto en la ley y las normas.

Mientras que según Enciclopedia Wikipedia la **Arboricultura** es la disciplina Silvicultural o ciencia que incluye el conjunto de técnicas y conocimientos relativos a la propagación de todo tipo de árboles y arbustos de carácter ornamental y su relación con el entorno, considerando su funcionalidad y el bienestar que proporciona a las personas, e incluye los cuidados técnicos culturales que permitan su crecimiento normal de este tipo de flora; los cuales formaran parte del Desarrollo y el Mtto de los elementos biológicos del Paisajismo (Biopaisajismo), en áreas que están desprovistas de vegetación decorativa o en proyectos residenciales e industriales, logrado mediante las siguientes actividades:

❖ Diseño y Establecimiento de Jardines, áreas verdes y arboricultura.

❖ Plantío con especies arbóreas y arbustivas con fines Ornamentales (Arboricultura); aunado al Mantenimiento de los componentes biológicos del Paisajismo, que incluye:

- Proyecto instalado de Sistemas de Riego de las plántulas, jardines y áreas verdes.
- Rectificación de pocetas y/o platones a los árboles y arbustos establecidos.
- Control de malezas por cualquier medio previsto (manual, mecánico y químico).
- Control fitosanitario para combatir plagas y enfermedades.
- Podas de formación o de estética a plantas y poda de la grama establecida.
- Programación y ejecución de Fertilizaciones con fórmulas completas o abonamiento.
- Programación y ejecución de la Reposición del material vegetal en estado irreversible de recuperación o muerto en pie (eliminarlos porque sirve de huésped de patógenos).

Aunado con las plantaciones forestales conservacionistas, o en su defecto forestaciones o reforestaciones, entre otras Técnicas de Bioingeniería, las mismas se realizan con el establecimiento de plántulas de porte arbóreo y arbustivo, previa siembra de semilla sexual o asexual en los viveros locales e incluso solo en la instalación de umbráculos naturales o culturales, cuando se recolecta en el campo la Regeneración Natural (Rn) de las especies que han sido elegidas y colocadas en bolsas de polietileno de unos 2 kg, que han sido llenadas antes con suelo fértil (abono orgánico, arena y capa vegetal).

Las mismas son plantadas a los fines de ampliar la biodiversidad del ecosistema bosque para el mejoramiento de la composición florística y de la fauna silvestre al favorecer su hábitat; tomándose en cuenta las condiciones bioclimáticas y edáficas del sitio elegido a plantar, aplicando los métodos manuales y el mecanizado en la apertura de hoyos (con barreno ahoyador) y la selección de especies del bosque nativo; cuya gestión forestal ofrece grandes beneficios socioeconómicos y ambientales, además de cumplirse con los compromisos legales y las disposiciones de los entes competentes.

El Fomento de bosques con fines conservacionista ha estado siendo abordado por varias instituciones en la región Zuliana-Venezuela, entre otras Cementos Catatumbo, C.A., con las Técnicas de Bioingeniería que integran el Plan de Restauración Ecológica (PRE), llamado Plan de Repoblación Vegetal, el cual constituyen uno de los programas de gestión ambiental para controlar el Aspecto Ambiental Significativos de la Afectación al Suelo por la acción minera, que está siendo ejecutado con reforestaciones anuales de especies del bosque nativo y revegetaciones con frutales perennes de la zona.

Dichas acciones son de carácter compensatorias en sitios designados con elevados criterios técnicos-legales-ecológicos, incluidos las siguientes zonas: El Ámbito del ARMS delimitada y Certificada por el MINEC (véase **imagen 4.12.2**); las zonas protectoras por Ley de Agua (art. 54) y su Reglamento (art. 32) y la Ley de Bosque (art. 67), o sitios desprovistos de vegetación arbórea sin proyectos mineros a futuro; incluyendo las especies previamente seleccionadas, la inmensa mayoría proveniente del bosque nativo de carácter endémica, vedadas, forrajeras, recuperadoras de suelo, resistentes a la sequía u otras condiciones adversas, de valor ornamental, entre otros criterios.

Imagen 4.12.2: Planta de Cementos Catatumbo, C.A. (**CECAT**) ubicada en el municipio Rosario de Perijá y detrás parte del Área de Reserva de Medio Silvestre (**ARMS**).

El propósito de ejecutar el mencionado PRE es para conservar los elementos de la Biodiversidad (microorganismos, flora, fauna y ecosistemas), que tienen una manera de vivir que depende de su estructura y fisiología del bosque plantado, así como del tipo de ambiente en el que están viviendo, de tal manera que los factores físicos y biológicos se combinen para conformar una gran variedad de ambientes en distintas partes de la biosfera que están desprovistos de vegetación arbórea y sin proyectos mineros a futuro.

Al mismo tiempo, las Técnicas de Bioingeniería que constituyen el PRE, contribuyen a la restitución de la calidad del aire, de las aguas, y del nivel sonoro, así como minimizar y/o controlar los agentes causantes de la erosión del suelo como las escorrentías, p/e, entre otros impactos ambientales adversos que controlan los planes de repoblación.

Los PRE surgen en el país de las inicialmente designadas medidas de conservación de suelos y aguas, como se les conocían antes en la década de 1980, según saberes derivados de las cátedras cursadas por el autor en la Escuela de Ingeniería Forestal de la Facultad de Ciencias Forestales de la Universidad de los Andes (ULA), ubicada en la ciudad de Mérida-Venezuela). Sin embargo, ya habían sido circunscritas por el Ministerio de Agricultura y Cría (**MAC**) en algunos programas del Gobierno nacional, en particular desde la década del año 1950 denominados "Subsidios Conservacionistas" y luego fueron llamadas *Obras de Infraestructura Social Conservacionistas* en la década de 1990, que tenían como propósito:

i) Elevar el nivel educativo del campesinado a través de los Programas de Educación Ambiental y consigo mejorar sus condiciones socioeconómicas.

ii) Favorecer la conservación de los Recursos Naturales ubicados en el ámbito rural, mediante la prevención de la erosión del suelo y de otros impactos ambientales adversos como la deforestación, la tala, la quema o los incendios forestales.

iii) Promover créditos financieros a los productores agrícolas y pecuarios, que conlleven a mejorar su calidad de vida, entre otros propósitos.

Según la enciclopedia Wikipedia, las técnicas del plan de restauración ecológica (PRE), consisten en gestionar el desempeño del margen de incertidumbre asociada al manejo de sistemas complejos y dinámicos, apoyándose en tres (3) principios fundamentales:

a) El papel del pasado como motor de cambios presentes y futuros con la restauración ecológica de áreas que han sido degradas por la acción natural o antrópica,

b) El funcionamiento de los ecosistemas y paisajes naturales a través de las escalas espaciotemporales, y

c) La capacidad de los seres humanos de aprender de la respuesta de los sistemas complejos a manipulaciones experimentales, con proyectos ecológicos que generen grandes beneficios, como en efecto ocurre con la formulación, evaluación y ejecución de las plantaciones forestales con varios fines, para lo cual a continuación, se presentan los pasos o fases a seguir en el avance de cualquiera de las técnicas de bioingeniería:

4.12.2.1.- Diseño

La Técnica Silvicultural aplicada en la plantación forestal, reforestación, revegetación o la arboricultura es la siguiente, dependiendo de los casos mencionados a continuación:

• En áreas planas es la "plantación en fajas a campo abierto tipo cuadricula", y

• En áreas inclinadas o de pendientes se sugiere distribuir la plantación productiva o de tipo conservacionista en hileras al "tresbolillo", a los fines de minimizar los efectos de la escorrentía en la época de lluvia, que es cuando se da inicio a la repoblación vegetal.

Por lo expuesto, en el diseño también deben incluye las siguientes actividades:

❖ Ubicación del área a repoblar.

La reforestación o revegetación puede aplicarse en los sitios que más las requieran, o en su defecto el personal encargado, son quienes consideran deben tener prioridad, p/e:

✓ las áreas susceptibles de ser deterioradas por acciones naturales o antropogénicas,

✓ las áreas frágiles a los procesos erosivos que estén desprovistas de vegetación,

✓ las zonas protectoras de los cursos de agua, también mesetas pronunciadas que están escasas de vegetación arbórea, con prioridad el ARMS ya delimitada, aprobada y certificada por MINEC (aunque si todavía no ha sido certificada debería ser reforestada).

❖ Superficie a repoblar.

La convenida entre el MINEC y la cementera o una empresa minera. Por lo general, surge de los porcentajes del

10% al 20% de la superficie total y la que ha sido afectada, establecida en el Decreto 3022 (G O No 35.305 de fecha 27/09/1993, ARMS).

❖ Densidad de Plantación.

Será variable de acuerdo a las especies elegidas para la plantación o cultivo, basada en la cobertura de copa o área basal (AB) y a las Técnicas de Bioingeniería a utilizar. Por ejemplo, para frutales perennes se recomienda una densidad de plantación de 625 (4mx4m) plántulas/ha, mientras que para la mayoría de especies forestales puede ser de unas 400 plántulas/ha (5mx5m) - 204 plántulas/ha (7mx7m), esta última puede ser para la especie Samán con amplia AB; aun cuando el Decreto No 1659: "Reglamento Parcial de la Ley Forestal de Suelos y Aguas sobre Repoblación", publicado en la Gaceta Oficial N° 34.808 del 27/9/1991, en su articulo 3 establece densidad de 1.111 plántulas/ha (3mx3m), cumplidas inicialmente por la cementera, pero ha tenido que realizarse aclareos para que los frutales perennes continúen cosechando frutos y las especies forestales aumenten sus dimensiones del fuste en grosor (crecimiento normal).

❖ Diagnóstico del área de influencia de la Técnica de Bioingeniería utilizada.

Etapa referida a la caracterización ambiental de los medios físico naturales formulados en el EIASC (véase Decreto 1257 (1996) y el artículo 129 de la Constitución Nacional), presentado ante el ministerio con competencia ambiental (MINEC) en la solicitud de la Autorización de Afectación de Recursos Naturales (AARN), para la continuidad del proyecto "Explotación de Minerales no Metálicos para el Proceso Industrial del Cemento, a los fines de darle cumplimiento al Artículo 1 del Decreto 2219 (G.O. Ext 4.418 de fecha 2/4/1992): "Normas para regular la afectación de recursos naturales renovables asociada a la exploración y extracción de minerales", o en su defecto caracterizar el ambiente del sitio si no existe la descripción alguna, a los fines de hacer coincidir las exigencias ecológicas de las especies seleccionadas, con las condiciones climáticas y edafológicas que ofrece el lugar para el establecimiento de las especies.

❖ Selección de las especies

En la selección de las especies forestales del bosque nativo y de frutales perennes de la zona, para ejecutar las plantaciones con fines conservacionistas, preferiblemente, se deben considerar los siguientes criterios técnicos y ecológicos de relevante significado:

- Especies de Crecimiento rápido, aunque este criterio también es relevante para las especies destinadas a satisfacer sus necesidades futuras de madera rolliza para la industria forestal básica y química de la madera, tanto para consumo interno como para la exportación, p/e: Caoba, Cedro, Apamate, Pardillo, Teca y Pino Caribe (pulpa para papel de elevada calidad), las 2 últimas Introducidas, entre otras especies.

- Longevidad prolongada o especies de larga vida, que sobrepase de ser posible los 100 años de edad en pie, aunque su turno fisiológico sea de unos 25 años: Araguaney, Algarrobo, Cañahuato, Caoba, Carreto, Cedro, Curarire, Samán y Vera negra. Además, tengan carácter forrajeras: Algarrobo, Cacahuito, Caracara, Samán y endémica: Carreto.

- No presente Caducifolia o que sean siempre verde (en particular en desarrollos paisajísticos para evitar estar limpiando constantemente los restos vegetales), aunque si tiene riego permanente puede desaparecer la caída de las hojas, porque estas especies lo efectúan como una medida de control de su agua disponible en la época de sequía, evitando perder el agua través del proceso de evapotranspiración.

- Especies Resistente a las condiciones climáticas que ofrece el lugar a plantar y con requerimientos mínimos de mantenimiento una vez establecidas: Algarrobo, Cañahuato, Cabima o Aceite de palo, Curarire, Samán y Penda, p/e.
- Especies con Sistema radicular fuerte y preferentemente homorrízico, en particular en los casos para paisajismo (Araguaney, Apamate, Cañahuato), a modo de evitar daños a la infraestructura existente (pisos y brocales, p/e). Se debe evitar la plantación de las especies de la gran familia de las Leguminosas, con sistema radicular de tipo heterorrízico (raíces superficiales que tienden a ocasionar daños a las instalaciones)
- No agotadoras del suelo, ni acidificante, ni con alelopatía, más bien de carácter recuperadoras, como las especies pertenecientes a la gran familia de las Leguminosas, que atrapan el Nitrógeno atmosférico a través de sus nódulos en simbiosis con las bacterias y lo reincorporan al suelo para que esté disponible a ellas mismas como el Samán (también forrajera) u otras especies circundantes como los pastos (Gramíneas).
- En líneas generales, se prefiriere las siguientes Especies Forestales:

✓ Representantes del bosque nativo que no sean invasoras (Nim, Leucaena, p/e),

✓ Que sean endémicas de la zona si existen (como el Carreto),

✓ Que no presenten condiciones de alelopatía (Nim, p/e),

✓ Que estén protegidas por el Gobierno Nacional con veda por su situación de riesgo de amenazadas o en peligro de extinción, dado su abundante explotación comercial, por ser especies maderables con elevado valor comercial,

✓ Que cumplan funciones de carácter forrajeras o que sean frutales perennes,

✓ O en su defecto, que sean especies introducidas (con bajo %) con exigencias similares a las condiciones ecológicas que ofrece el sitio de plantación, pero con la salvedad que no sean especies invasoras para evitarse la propagación como malezas. En la cementera existen franjas de bosque de Leucaena resultante de la regeneración natural, al igual que la especie Nim, que está invadiendo el Matorral natural.

4.12.2.2.- Ingeniería del PRV

Incluye las siguientes prácticas durante la ejecución del Plan de Repoblación Vegetal (PRV), que contiene técnicas como reforestaciones con especies del bosque nativo y revegetaciones con frutales perennes de la zona, u otra especie arbustiva:

❖ **Criterios en la selección de las Áreas** donde se ejecuta el PRV.

Se incluye un listado de especies forestales de tipo arbórea y arbustiva, seleccionadas de acuerdo con las experiencias de repoblación vegetal con éxito en sitios similares al elegido, considerando criterios técnicos/ecológicos mencionados con anterioridad.

❖ **Descripción de las Especies Seleccionadas:**

Refiere a las características más resaltantes de cada especie seleccionada para ser incluidas en alguna de las técnicas de bioingeniería a ejecutar, entre otras especies:

• El **Vetiver** es una especie de sufrútices de carácter perenne con desarrollo denso, cuyas raíces tienen un crecimiento inicial de 3 cm por día, alcanzando profundidades de 2 m en solo 6 meses y de 6 m luego de 3 años, lo cual genera una producción potencial de biomasa de 100-200 Mg/ha, siendo superior al compararlo con otras plantas eficientes en la producción de biomasa, que generan de 30-40 Mg/ha (Luque, 2004), por lo cual puede ser considerada como una especie de carácter conservacionista.

- El **Bambú** o Guadua es otra de las especies muy utilizadas en el control de la erosión por cauces de agua y/o escorrentías, que es una hierba gigante que puede alcanzar alturas de unos 30 m en tan solo unos 4-6 años de edad, es altamente longeva, y aporta grandes beneficios al suelo y a las personas, pues con ella se puede construir casi todos los elementos de una casa, la cual en 1806 fue descrita por los Naturalistas Alemanes Alexander von Humboldt y Amadeo Bonpland, quienes vieron esta planta en Colombia: *Bambusa guadua* (consulta en buscadores electrónicos de Internet).

Posteriormente en el año 1822 fue clasificada por Carl Sigismund Kunth como *Guadua angustifolia*. Se considera como una de las plantas nativas más representativas de los bosques andinos colombianos y venezolanos, pero que ha evolucionado para adaptarse a otras zonas de vida con condiciones ecológicas más inclementes (Bosques muy secos tropicales, entre otras zonas de vida).

Para describir a las otras especies seleccionadas se consulta, entre otros autores, a Hoyos, Jesús F. (1994). Guía de árboles de Venezuela. Sociedad de Ciencias Naturales la Salle. Monografía No 32, Caracas-Venezuela, que provee breve descripción de cada especie arbórea y arbustiva, también ofrece imagen de su porte e incluso algunas fotos de sus flores y frutos.

- El **Algarrobo** (Hymenaea courbaril), se caracteriza porque son árboles grandes que llegan a una altura entre 15 a 50 m y emergen sobre el pabellón de bosque. Carece de ramas en la parte baja del tallo, pero tienen una copa con ramas macizas. Las hojas son asimétricamente elípticas, bifoliadas, alternas, compuestas y pecioladas. Las flores crecen en una panoja o corimbo (tipo de inflorescencia en forma de sombrilla). Sus usos principales son: La pulpa central del fruto es comestible y contiene almidón, el cual puede ser comercializado en los mercados locales. La semilla seca contiene un 40% del polisacárido (H. *xyloglucan),* usado en industrias de alimentos, farmacéutica, cosméticos y papel. Las hojas pueden ser usadas para hacer un té. Los troncos tienen una madera densa utilizada en la fabricación de muebles, peldaños de escalones, canoas y otras embarcaciones. La resina es usada para fbricar barniz.

• El **Apamate** (Tabebuia rosea), es un árbol nativo de los bosques Tropófilo de la intertropical americana. Es el árbol nacional de El Salvador donde se le conoce como maquilishuat. También es el árbol de Barranquilla, Colombia (donde se le conoce como "roble morado") y de Santa Ana, Costa Rica. En Venezuela es el árbol emblemático del estado Cojedes y también se le conoce con el nombre de Orumo. Su nombre binomial: Tabebuia, por su nombre vernáculo brasileño tabebuia o taiaveruia; y rosea, del latín, color rosado, por sus flores. Es una madera fina para elaborar todo tipo de muebles. Sus semillas aladas favorecen su dispersión con buena capacidad germinativa y se adapta bien a la mayoría de tipo de suelo, con predilección a suelos inundados. También se reproducen con facilidad por estacas mediante palos denominados stump.

• La **Caoba** (Swietenia macrophylla), es una especie botánica de árboles originaria de la zona intertropical americana perteneciente a la familia de las Meliáceas. Está amenazada por pérdida de hábitat. Por lo general vive entre 0 a 1500 msnm, con rangos de temperatura mínima de 11 °C a máxima de 32 °C, con precipitaciones de 1200 a 4000 mm, con suelos profundos, bien drenados, franco arcilloso o franco arenoso, soportando ligeramente alcalinidad con tendencia hacia la neutralidad. Exige luz, pero puede tolerar la sombra en su etapa juvenil (semi esciófitas), lo cual se debe a que se desarrolla en zonas con numerosas especies de árboles de gran tamaño, por lo que en los primeros años de su vida está obligada a crecer por la competencia de la luz solar, a pesar de que los demás árboles le limitan la cantidad de insolación hasta que alcanza una altura apta como para descollar entre los demás árboles. Es considerada una de las mejores maderas del mundo para fabricar cualquier tipo de muebles, que logran elevadas longevidades porque es resistente al ataque de patógenos.

- El **Carreto**: Los nombres comunes más conocidos en el país hermano Colombia son Carreto blanco, Comula, Costillo, Costillo acanalado y Quimula, entre otros, distribuido comúnmente en la franja latitudinal del Pie de Monte de la Sierra de Perijá Colombo –venezolana, hasta la altura del municipio Rosario de Perijá, donde es conocido comúnmente con el nombre de Carreto. Según reseñan algunos autores como Marcondes-Ferreira (1988), en Colombia se distribuye naturalmente por la costa atlántica, el valle del río Magdalena y el piedemonte magdalenense de las cordilleras Oriental y Central; en los departamentos de Atlántico, Bolívar, Boyacá, Cesar, Córdoba, Cundinamarca, La Guajira, Magdalena, Santander, Sucre y Tolima, desde el nivel del mar hasta los 600 m de altitud.

Mientras que en el resto del mundo el "Aspidosperma polyneuron o cuspa" posee una distribución disyunta, por un lado, con algunas poblaciones en el noroccidente de Suramérica, en Colombia, Venezuela y Perú, y por el otro lado con algunas en el suroriente del continente, en Argentina, sur de Brasil y Paraguay. En relación a sus exigencias ecológicas, esta especie puede crecer tanto en bosques secos espinosos o en bosques húmedos tropicales, donde por lo general no es muy abundante, siendo la especie comercialmente más importante del género, ya que su madera es muy utilizada en la construcción y elaboración de muebles, Machimbrado y pisos, restringido su uso para muebles por su elevada densidad.

El estado de amenaza según categorías de la Unión Internacional para la Conservación de la Naturaleza (UICN), en el mundo está en peligro de extinción, por lo cual debemos desarrollar medidas de conservación como evitar su explotación e incluirlo en los planes de repoblación vegetal anual, a fin de lograr la permanencia de la especie; es decir, que incluyan programas diversos de propagación, como forestaciones en las áreas de la zona protectora de cauces de agua que se encuentran desprovistas de vegetación, por considerarse especie endémica de la zona, porque no se observa en el resto del país, e incluso en áreas con similares condiciones ecológicas de la zona.

- El **Cedro** americano (Cedrela odorata), es un árbol de la familia de las Meliáceas de la zona intertropical americana. Sus nombres comunes son: cedro acajou, cedro español, cedro de las barbares, cedro de Guayana. Es originario de América Central, encontrado en México en los estados de Campeche, Chiapas, Colima, Guerrero, Jalisco, Nayarit, Oaxaca, Puebla, Querétaro, Tamaulipas, Veracruz y Yucatán. También se localiza en Brasil, el Caribe, Venezuela, Colombia y Perú. Es un árbol de bosques Tropófilos. Se encuentra en bosques tropicales caducifolios, en alturas hasta 1200 m. El género Cedrela comprende 7 especies repartidas en América Tropical.

La especie Cedrela odorata es el árbol emblemático del estado Barinas, en Venezuela. La madera es olorosa, bastante liviana, con peso específico variable de entre 0,42 a 0,63, generalmente blanda o medianamente dura de excelente calidad, incluida entre las maderas finas. El color de la albura es blanco-amarillento o gris bien diferenciado del duramen, cuyo color va desde rojo hasta marrón claro. La textura varía desde fina hasta áspera. Florecen de mayo a julio. Fructifican en marzo. Número cromosómico $2n = 50$. Es plantado con fines ornamentales en parques y jardines. Su madera de color oscuro es apreciada por su calidad; se usa para fabricar muebles ya que no es vulnerable a las termitas u otros patógenos.

- El **Mamón**, es un árbol frutal perenne de la familia de las Sapindáceas, natural de las regiones tropicales de América. Se lo aprecia por sus frutos comestibles, unas drupas de agradable sabor, los cuales se consumen frescos o se hacen muy buenas conservas y frutas enlatadas, principalmente en América Central y del Sur. En Colombia por ejemplo se consume en fresco e incluso se utiliza para preparar bebidas refrescantes enlatadas. El fruto, además de ser dulce y de sabor vinoso, es de un color amarillo salmón y produce un tinte firme, aunque casi no es empleado para tal fin.

La almendra tostada se parece a la del marañón o merey y es muy apetecida por los niños. Con la pulpa se puede preparar cerveza o aguardiente. Los indígenas del Orinoco consumen la semilla cocinada como sustituto de la yuca. En Nicaragua las semillas se muelen con todo y pulpa, luego se hacen en horchata para curar los parásitos en los niños. También, se usa en refresco, postres, helados y conservas. A pesar de que el uso como frutal es el principal; la madera de este árbol es favorable y apto para obras de construcción y carpintería en general. En Colombia, incluso se emplea en obras finas de Ebanistería y Carpintería, para elaborar incluso hasta juguetes de madera.

❖ **Suministro de plántulas.**

Por lo general, las espccies seleccionadas para el PRV derivan de viveros comerciales locales; sin embargo, para cumplir con las Técnicas de Bioingeniería, no se requiere de estas inversiones cuando se tiene previsto llevar a cabo la recolección de plántulas de especies arbóreas y arbustivas de los rebrotes o de la regeneración natural y/o semillas del bosque nativo para establecer un vivero de tipo temporal en el local de umbráculos naturales (debajo de un Samán, p/e), recurriéndose solo al suministro de plántulas en viveros comerciales de aquellas especies introducidas o que sean autóctonas pero difíciles de propagar. Asimismo, se tendrá previsto la instalación de un vivero ocasional, para el caso en particular de la multiplicación del vetiver, ubicado adyacente a la micro cuenca más cercana al sitio de siembra, si se tiene previsto establecer en algunos de los Planes anuales de Repoblación Vegetal, de los ejemplos anteriores, para constituir por ejemplo la cobertura vegetal de taludes, a los fines de pretender estabilizarlos.

❖ Etapas del proceso para la implementación de las Técnicas de Bioingeniería:

o Levantamiento topográfico: De ser posible en el replanteo del terreno, se debe alinear las hileras de plántulas a establecer y la preparación del terreno, sugiriéndose limpiar solo en el área a ser ocupada por el arbolito o plántula, aunque la distribución de las plantas en el bosque natural es de forma irregular y su funcionamiento ecológico es muy eficiente. No obstante, se ha adoptado esta medida para facilitar las labores de mecanización de la plantación en el proceso de Mtto de la misma.

o Marcaje y apertura de hoyos: Se realiza el marcaje del sitio de apertura en el momento del levantamiento topográfico, abriéndose los hoyos para establecer los individuos de las especies elegidas, con dimensión de 40 cm de ancho, por unos 50 cm de profundidad o 0,5mx0,5m x0,5m; mientras que en el Vetiver el hoyuelo a construir sería de 0,2m x 0,2m x 0,2m, o en su defecto una hilera continua de 0,20 m de ancho por 0,20 m de profundidad, separados los esquejes de 0,20 m cada uno. La apertura del hoyo para especies arbustivas o arbóreas, puede ser de manera manual o mecánica con el uso de un barrenador ahoyador acoplado al tractor agrícola, cuya labor ofrece un eficaz rendimiento de unos 150 hoyo/día o menos dependiendo de las condiciones que presente el terreno (Pedregosidad e irregularidad del relieve, p/e).

o   Carga, transporte y descarga de material vegetativo: Referido al traslado de los arbolitos, de los esquejes u otras partes a utilizar en la plantación, además de la capa vegetal y del abono orgánico hasta el sitio de plantación de cada uno de los arbolitos.

o   Mejoramiento de las condiciones físico mecánicas, químicas y biológicas del suelo: Logrado con el complemento en el espacio restante al ocupado por la bola de tierra o cepellón que trae la plántula del vivero, aunado con abono orgánico mezclado de capa vegetal contaminada o inoculada con *micorrizas*, relación simbiótica entre las raíces de la planta y un hongo, donde ambos participantes obtienen grandes beneficios, porque la planta superior recibe del hongo principalmente nutrientes minerales y agua, mientras que el hongo obtiene de la planta hidratos de carbono y vitaminas que él por sí mismo es incapaz de sintetizar, porque la planta superior si lo puede realizar gracias a la función fotosintética y otras reacciones internas de las mismas.

o   Fertilización: Antes de reforestar o revegetar se sugiere agregar fertilizante o abono químico de formula completa N-K-P (Nitrógeno, Fosforo y Potasio) a razón de 150-200 gr/plántula, previo análisis de suelo, si es posible, para determinar los % de la formula a usar antes y durante la plantación.

o Plantación sugerida realizarla en el inicio del pico de lluvia más larga en la zona del piedemonte de la Sierra de Perijá (septiembre-noviembre): Previa separación de la bolsa de polietileno, se coloca el cepellón con la plántula en el hoyo, completado el mismo con abono y se compacta levemente para evitar que queden burbujas de aire que pudieran pudrir las raíces de las plántulas, cuya labor debe ser supervisada como se evidencia en las fotos 4.1 y 4.2 a continuación:

Fotos 4.1 y 4.2: Supervisión por el autor del manuscrito en el cumplimiento de la Cuota anual del Plan de Repoblación Vegetal realizado en la cementera (septiembre de 2018).

De ser posible, también se sugiere adicionar en el momento de la plantación unos 80-100 gr de hidrogel / plántula para retener humedad, máxime si no se tiene previsto el riego periódico durante los 1eros meses de plantaciones (previsto el riego en la época de verano contiguo a la plantación).

o Construcción de Pocetas o Platón,

Es requerido para albergar suficientemente el agua del riego o de las lluvias, con las siguientes dimensiones: 80 cm de ancho el diámetro y de unos 5 cm de excavación o calado en torno a la plántula (diámetro de los 80 cm).

o Colocación de Tutores

Se sugiere instalar al lado de la plántula establecida una vara de unos 2 m de largo en sentido contrario a la dirección del viento, a los fines de proteger del mismo en caso de producirse vientos fuertes, en particular en espacios abiertos prolongados.

4.12.2.3.- Cuidados Técnicos Silviculturales

En las TB a establecerse se debe prever realizar unos 6 Mttos al área de plantación, durante un lapso de 3 años, a razón de 2 Mtto / año, para ser ejecutados al final de los periodos de lluvia. El primer mantenimiento se deberá realizar al final del siguiente periodo de lluvia posterior a la plantación del mismo año, incluyéndose entre otros aspectos, las actividades de reposición de las plantas muertas y la reconstrucción de cortafuegos; para los siguientes mantenimientos (del 2do al 6to), realizados con un intervalo de cada 6 meses a partir del mes efectuado el 1er mantenimiento, se toma en cuenta el final de los periodos de lluvia antes descritos. Las acciones a ejecutar en c/u de los mantenimientos, de acuerdo a los requerimientos de la plantación, se describen a continuación (criterio en base a las experiencias del autor del manuscrito):

❖ Reconstrucción de pocetas o platones

Se usa las dimensiones originales (80 cm de diámetro y de 5-10 cm de profundidad).

❖ Riego

En dosis y frecuencias de acuerdo a las exigencias de las plántulas establecidas, así como a las disponibilidades de agua en la zona y el uso o no de hidrogel.

❖ Control de malezas con Desbrozadora o Guadaña / Imagen anexa. Realizada en torno a la plántula denominado Platoneo, que puede ser realizado al mismo tiempo con la reconstrucción de la poceta; sin

embargo, puede ser ampliada la cubierta y ejecutarse con los siguientes métodos conocidos:
- Manual mediante el macheteo.
- Mecanizada con rotativas acopladas a tractor agrícola o con la desbrozadora que también son denominadas guadañas.
- Biológica con pastoreo, de ser permitido cuando el arbolito alcance crecimiento > 1,5 m).
- Química con el uso de herbicidas de baja toxicidad u orgánicos, que por lo general es aplicado al inicio de la lluvia, luego de15 días del desmalezado manual/mecanizado.

❖ Control fitosanitario

La acción permite mantener la plantación libre de plagas y enfermedades, mediante las siguientes prácticas agronómicas (incluidos los frutales perennes), acciones que son comunes en plantaciones de espacios pequeños:
- **Control Químico**, combatir las plagas o animales dañinos con agroquímicos como Insecticidas, Fungicidas, Nemáticida, Acaricida u otro plaguicida de alto espectro, pero de baja toxicidad o de ser posible de carácter orgánico encontrado en el mercado local.
- **Medidas Naturales:** Se sugiere para el control de plagas y enfermedades el uso de extractos de ajo, hojas de la especie eucaliptus, extractos de ají picante, semillas y hojas de la especie Nim que contienen Azidharatha (insecticida natural), utilizado para el control de insectos y otros patógenos; o cualquier otro fruto o semilla de características aromáticas que ahuyenten, alejen o repelen a las plagas o animales que ocasionan enfermedades a los cultivos o plantaciones forestales.
- **Control Biológico**, si las circunstancias lo permiten consiste en controlar los hábitats de las plagas, sus huevos, las larvas u otros medios reproductores, con la presencia de sapos, insectos, aves, bacterias u hongos, que se coman las partes o los animales patógenos o rompan con las eta-

pas del proceso de reproducción de especies nocivas.

- **Medidas Mecánicas:** manera práctica y funcional de controlar un poco los animales enemigos que producen daños a cultivos y plantaciones. Entre otras medidas:

✓ Trampas a roedores y lagartijos que atacan a los arbolitos < 1 m de altura.

✓ Equipos de atrapado de insectos con aparatos especiales, para lo cual debe vigilarse y atacarse el refugio de los mismos; cuya área de plantación debe ser pequeña para poder mantener vigilia continua.

- **Medidas físicas:** Uso de elementos como el agua, la luz, el fuego y la electricidad, entre otros. P/e: se puede emplear el calor para destruir los parásitos existentes en las partes de la plántula, teniéndose en cuenta de no afectar al cultivo total o perjudicar a la planta a controlar (práctica común en los viveros o en desarrollos paisajísticos).

- **Medidas culturales:** Se refiere a los cuidados técnicos de sustento que exigen las plantas, para que avancen fuertes y resistentes al ataque de plagas y enfermedades, entre los que se pueden mencionar los siguientes (comunes también en las Barbacoas):

✓ Evitar la humedad excesiva para prevenirse propagar hongos patógenos.

✓ Introducir dentro de las plantaciones, algunas especies medicinales o de uso para Cosmético, que tengan olores aromáticos para que ahuyenten a animales patógenos.

✓ Eliminar las malas hierbas de manera continua mediante el Platoneo, para evitar que las plántulas se debiliten por la competencia con la maleza por los nutrimentos, la luz solar y el espacio físico, cuya presencia facilitan que sean atacadas por las plagas y las enfermedades de manera continua.

✓ Abonar la planta cada vez que se dé inicio a un nuevo lapso de mantenimiento.

❖ Fertilización:
- Formula completa N-K-P
- Abonamiento con elementos orgánicos provenientes de compostaje, p/e.

❖ Poda

Se sugiere realizarla después 2 años de establecida la plantación y son de varios tipos:
- De crecimiento (poda de copa o a los lados eliminándose los meristemos terminales o laterales, respectivamente).
- De formación para mejorar la estética de la planta (arboricultura).
- De aclareo si se observa una planta en condiciones de insalubridad e irrecuperable.

❖ Reposición de especies muertas o en deterioro irreversible (estimada de 5-10%).

a) Con especies similares a la que resultó muerta.
b) Con especies que presentan mayor nivel de sobrevivencia.
c) Con especies que consideren los técnicos especialistas.

Algunas veces, las ya descritas técnicas de bioingeniería (como Hidrosiembra o cultivos siguiendo las curvas de nivel con enfajinados, pastizales en potreros, reforestación con especies del bosque nativo y revegetación con frutales perennes), son complementadas con las Medidas de Ingeniería Ambiental (**MIA**), cuyas estructuras físicas incluyen las obras técnicas estructurales conservacionistas (OTEC), como los cortafuegos; las obras de Ingeniería Sanitaria (OIS), como las plantas de tratamiento y las trampas de grasa; y las obras que son implementadas para disipar la energía hídrica (diques en cárcavas, muros de contención, etc.), las cuales son establecidas para el logro oportuno de la Restauración Ecológica en la cementera en referencia (véase ejemplo **figura 4.12.2**).

Figura 4.12.2: Ejemplo de un plan de restauración ecológica

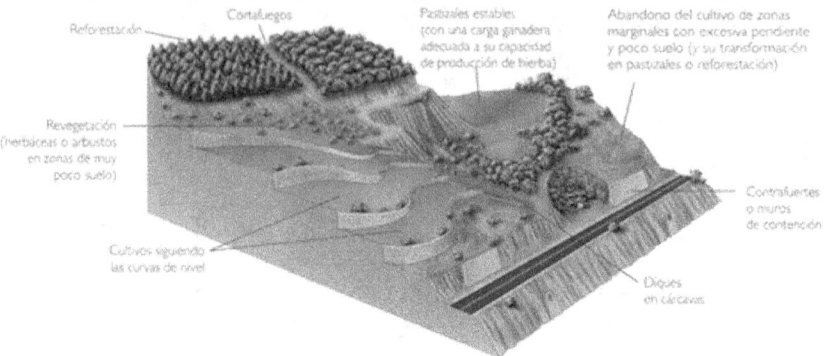

Fuente: Plan de restauración ecológica de Cementos Catatumbo, C.A. (CECAT), abril de 2020, basado en imágenes tomadas de Internet, que incluye algunas de las medidas consideradas

La restauración ecológica permite la conservación y mejora de la biodiversidad, la protección de los suelos de los procesos erosivos, además salvaguarda la calidad de las aguas y del nivel sonoro. De hecho, tales medidas ambientales son consideradas prácticas que logran la restitución de hábitats con patrimonios forestales y estabilidad de los ecosistemas, ámbitos propicios restaurados que han mejorado los medios que integran el ambiente y logran el bienestar social o calidad de vida elevada.

De igual forma existen otros ejemplos prácticos en la región Zuliana-Venezuela, de los casos ya citados en la introducción de este manuscrito, en relación a la empresa mixta Carbones del Guasare, C.A. (CARBOZULIA con la Inversión privada), que también ha implementado medidas de controles ambientales para prevenir de alguna manera la degradación del ecosistema bosque, aumentando su patrimonio forestal en las escombreras conformadas, a fin que las generaciones venideras también disfruten de los variados beneficios y valores que brinda el ecosistema bosque. Es decir, han estado fomentando los bosques con las plantaciones forestales de protección, sobre las tierras marginales desprovistas de vegetación arbórea o arbustiva, que se corresponden con las escombreras definitivas ya conformadas, iniciándose hace más de 30 años en la Escombrera Sur, con la contratación de los servicios de la Consultora Ambiental Proyectos Forestales, C.A. (PROFORCA), de la cual es accionista el autor de este libro, lo que indica que hoy día son áreas boscosas que se han estabilizado definitivamente.

4.13.- Productos forestales

Artículo 48 (Ley de Bosque, 2013): productos forestales resultantes de aprovechamiento de vegetación en general maderables y no maderables, como: madera; frutos silvestres, raíces, hojas, tallos, cogollos, semillas, savia y corteza; lanas vegetales, textiles y fibras; goma, resina y látex; frutos oleaginosos silvestres y sus derivados; pulpa y celulosa; plantas medicinales, arbustos, gramas o pastos y mantillas, cañas amargas, bambú, leña y carbón vegetal, obtenido de subproductos forestales maderables o de cualquier otro susceptible de aprovechamiento racional o con carácter de sustentabilidad.

Aunado a lo expuesto, para el año 2003 (MARN-DG Bosques, 2004), informa que el volumen de producción total de madera en rola alcanzó 895.161,789 m^3 rollizos, de los cuales el 15,73 % provino de áreas con Planes de Ordenación y Manejo Forestal, el 46,87 % de plantaciones de Pino caribe de Uverito y Chaguaramas, el 25,78 % de plantaciones forestales de Teca, Melina, Eucaliptos y Acacia, el 11,61 % de Permisos Anuales no sujetos a planes de manejo (explotaciones selectivas mediante entresacas).

Durante los años 1996/2003 la producción nacional de madera en rola evidenció solo en 7 años mengua de 342.832,3 m^3 (27,7 %), al pasar de 1.237.994,070 de m^3 (1996) a 895.161,769 m^3 de madera rolliza. Asimismo, disminuye la producción en plantaciones forestales de Teca, Melina, Eucaliptos y Acacia, también hubo una gran reducción, al igual que una insuficiencia significativa en las otras tres categorías antes referidas. En general la industria forestal nacional, ha tenido un período de recesión prolongado, con escasa propensión a la inversión. Los esfuerzos para cambiar este panorama deben orientarse a definir las bases para nuevas inversiones estables, que incluyan: **a)** la seguridad jurídica, **b)** la adecuación a procesos de innovación y mejoramiento industrial (nuevas tecnologías) y **c)** el suministro continuo de materias primas.

Dentro de los cambios más relevantes se pueden señalar la readecuación del marco institucional, fundamental para establecer una nueva visión gubernamental en materia de Bosques. En esta tarea el Ministerio del Ambiente y de los Recursos Naturales (MARN), implemento para la época propuestas de cambios, iniciado con la alternativa del exento Servicio Forestal Venezolano (SEFORVEN), adscrito a Dirección General del Recurso Forestal (2000), de manera transitoria, hasta la creación de la nueva Dirección General de Bosques (2004), para optimizar la capacidad de respuesta del sector y atender la administración, conservación, ordenación/manejo sostenible de los bosques.

Destaca la importancia del Manejo Integral Comunitario del Bosque, como estrategia de participación de los pobladores rurales en el manejo de los bosques, para tratar de corregir las deficiencias del manejo que tradicionalmente se ha desarrollado en el país, recientemente oficializado mediante Resolución del Ministerio del Ambiente y los Recursos Naturales N° 248 del 17-12-2004, publicada en Gaceta Oficial Extraordinaria N° 5.755 del 05-01-2005 (escenario que al año 2022 no han dado resultados eficientes).

La situación particular de las Reservas Forestales del Occidente de Venezuela, Ticoporo y Caparo, obliga a la introducción de nuevos esquemas que motiven los cambios que son necesarios sin una visión excluyente de estas comunidades locales, para corregir las intermediaciones dirigidas a invadir-desafectar estas áreas boscosas; para ello se viene implementado la figura de Concesiones Comunitarias y formas organizativas cooperativas, que permitan solventar y regularizar la ocupación y tenencia de la tierra (aun sin resolver), conforme a Planes de Ordenación, Reglamentos de Uso y Planes de Manejo Forestal (que deben cumplirse estrictamente en el cuadro 4.13, a continuación):

Cuadro 4.13: Situación del Sector Forestal bajo protección en Venezuela en el 2001

Superficie Total del País 916.445 Km²	**91,64 millones de ha**
Áreas Bajo Régimen de Administración Especial / ABRAE	66,62 millones de ha *
Superficie bajo Protección Estricta (Parques Nacionales, Refugios de Fauna y Monumentos Naturales)	18,37 millones de ha
Superficie bajo Protección Normada (Reserva de Biosfera, Zonas Protectoras, Reserva Hidráulica, Reserva de fauna Silvestre, Áreas Críticas con Prioridad de Tratamiento, Áreas de Protección de Obras Públicas, Zonas de Reserva para Construcción de Presas y Embalses, Áreas de Protección y Recuperación Ambiental, Costas Marinas de Aguas Profundas, Sitio de Patrimonio Histórico, Zonas de Interés Turístico, Zonas de Seguridad, Zonas de Seguridad Fronteriza).	28,95 millones de ha
Superficie decretada para Producción Forestal Permanente:	16,30 millones de ha
Reservas Forestales	11,87
Lotes Boscosos	1,05
Áreas Boscosas bajo Protección	3,38 MM de ha
Áreas bajo Planes de Ordenación y Manejo Forestal	1,89 millones de ha
Áreas para Plantaciones Forestales (Decreto 1.660)	9,30 millones de ha
Superficie Plantada Acumulada (hasta 2001)	0,75
Superficie Anual de Plantaciones Forestales	0,03
Industrias Forestales (hasta 2001)	1.960 MM de ha

Fuente: MARN – DGB: Anuario Estadísticas Forestales N° 7. Años 2000-2001. MARN-DGB: Boletín Estadístico Forestal N° 5 Años 2002-2003. MARN.
* Cifra tomada del Incluye solape entre figuras jurídicas conservacionistas (ABRAE's). Se estima que la superficie bajo régimen de administración especial es de unos 42,5 millones de hectáreas.

4.14.- Manejo forestal sustentable

Según el Artículo 51 de la Ley de Bosque: El manejo forestal sustentable es el conjunto de prácticas basadas en el conocimiento científico o tradicional, asociadas al patrimonio forestal. Contempla el desarrollo continuo en un área determinada desde la asignación del uso forestal de la tierra hasta la generación de sus productos, con el objetivo de mantener la estructura y funciones de los ecosistemas forestales y generar beneficios ambientales, sociales y económicos. Es decir, áreas forestales sometidas a Manejo Forestal o Planes de Ordenación Forestal, los cuales deben ser formulados, evaluados y ejecutados por técnicos especializados; donde la tendencia sea incluso hacia el Manejo Forestal con Modelo Gerencial de Desarrollo Socioeconómico Ambiental, si es posible, con orientación en la *Gestión de Innovación Sustentable* (**GIS**), que tiene como principio básico minimizar la generación de impactos ambientales adversos.

Lineamientos para el manejo forestal sustentable

Artículo 52 (Ejusdem): El manejo sustentable del patrimonio forestal debe atender a los siguientes lineamientos (véase planificación estratégica en el artículo 299 de la CRBV):

1. Incorporación de diagnóstico integral del área (caracterización ambiental del área).
2. Evaluación de impactos ambientales y socioculturales (según el artículo 129 de la Constitución Nacional (CRBV, 1999), siendo el principal medio el EIAS).
3. Visión integral y de uso múltiple del suelo (poniendo en práctica técnicas como los Sistemas Agroforestales).
4. Participación de las comunidades locales e indígenas (Etnias) en la formulación e implementación del plan de manejo forestal.
5. Incorporación de prácticas, técnicas y tecnologías de bajo impacto (limpias o verdes).

6. integralidad y diversificación en el uso de los bienes maderables y no maderables y beneficios ambientales, considerando la dinámica de los ecosistemas.
7. Obligación de monitoreo y seguimiento (según lo establecido en el marco jurídico).
8. Generación de criterios e indicadores.
9. Maximización del beneficio colectivo que integre aspectos sociales, ambientales y económicos, a partir de las múltiples potencialidades del patrimonio forestal (bosques de diferentes tipos, formas y tamaños) y sus componentes.

4.15.- Industria Forestal

El Art. 84 (Ejusdem), la define como la entidad legalmente constituida, cualquiera sea su forma asociativa, que tenga por objeto el aprovechamiento, extracción, depósito, acopio, transporte, distribución, proceso y comercialización de la materia prima forestal. Según el artículo 92 de la derogada Ley de Bosques y de Gestión Forestal (2008), este marco legal incluía a las industrias forestales primarias y secundarias.

4.15.1.- Industria Forestal Primaria.

Son las empresas públicas, privadas, mixtas o de producción social (EPS), que están ubicadas en el territorio nacional, cuyas industrias tienen por objeto la transformación, procesamiento, distribución y comercialización de la materia prima forestal y productos semi elaborados, e incluyen las siguientes:

4.15.1.1.- Industria Mecánica de la madera: Incluye las mencionadas a continuación:

➢ Aserrío: industria donde las rolas son procesadas en madera aserrada.

➢ Contraenchapado: industria en el que las rolas de las maderas de especies blandas son desenrolladas en chapa, chapillas o para la elaboración de compuestos.

➤ Panforte y aglomerados: son los productos forestales generados del bosque que son procesados en virutas y encolados para constituir los aglomerados.

4.15.1.2.- Industria Química de la madera:
Actividad industrial que se ocupa del procesamiento de la madera para la obtención de celulosa o pulpa para papel y cartón, desde la plantación de los árboles de fibra larga (Pino caribe, p/e) y semi-larga (Teca, Melina, Eucaliptos, u otras), con cosechas de turno cortos (6-8 años).

4.15.2.- Industria Forestal Secundaria.
Son las empresas públicas, privadas, mixtas o de producción social, localizadas en el territorio nacional, que tengan por objeto la elaboración, fabricación, manufactura, distribución y comercialización de bienes de consumo final derivados de materia prima forestal, entre ellos tenemos:

- Carpinterías y ebanisterías: son las industrias donde comúnmente se fabrican: las camas y literas, peinadoras, repisas, los Muebles de varios tipos, marquetería, puertas, ventanas, closets, gabinetes, ceibo, sillas, mesas, etc.
- Industrias del Machihembrado, Parquet, entre otros el machihembrado (ensamblado de tablas preparadas con canales (macho) y aperturas (hembras).
- Fabricaciones de cabos de herramientas y Manufacturas de juguetería.

Las mencionadas a continuación es valor agregado del autor del presente trabajo, cuyas industrias serán descritas posteriormente a partir del punto 5.1.1.3, de acuerdo a las consultas y/o lecturas realizadas y experiencias > 37 años como profesional forestal:

o Industria de pinturas y barnices: son pigmentos, aditivos o aglutinantes de carácter orgánico, que son obtenidas de algunas especies forestales en particular.
o Industria de productos químicos: La madera puede transformarse en combustible líquido por hidrogenación.

Igualmente se obtienen productos químicos por destilación. Además, la mayoría de otros productos, como el ácido acético, metanol y acetona, los cuales son obtenidos ya de forma sintética para proteger los bosques.
o Industria de productos medicinales, cosméticos y de carácter alimenticios.
o Industria de tejidos y fibras.
o Industria de productos bioenergéticas (leña y carbón).

4.16.- Brigadas de guardabosques

Artículo 113 (Ejusdem): Las comunidades locales, las empresas públicas o privadas, los consejos comunales, comunidades indígenas (como ejemplo las ubicadas en la Sierra de Perijá) y demás formas de organización social, podrán conformar y registrar ante el Ministerio del Poder Popular con competencia ambiental (MINEC aunado al Cuerpo de Bomberos), quien la coordinará, brigadas de guardabosques, las cuales constituyen cuerpos voluntarios facultados para labores de contraloría social sobre la gestión forestal, educación ambiental, promoción de la cultura del bosque, vigilancia preventiva y denuncia de acciones que afecten el patrimonio forestal, entre otras actividades que pueden realizar las organizaciones destinadas para conservar los bosques.

4.17.- Seres Autótrofos.

Dícese de los vegetales que dotados de clorofila o de otro pigmento análogo como los cloroplastos, son capaces de sintetizar los hidratos de carbono a partir del anhídrido carbónico (CO_2), de modo que no necesitan tomarlos ya constituidos, sino que se bastan a sí mismo para formarlos. Etimológicamente, "que se nutren de por sí", sin el concurso de otros; que no son ni parásitos ni saprófitos.

4.18.- Planta Epífita.

Vegetales que viven sobre otras plantas superiores sin obtener de ellas su nutrimento; es decir, solamente le sirven

de soporte. Como ejemplo: Orquídeas, líquenes y musgos.
4.19.- Plantas parásitas.
Vegetales heterótrofos que se nutren a expensas de organismos vivos, tanto animales como plantas (p/e, especie vegetal Walter pajarita que incluso frecuenta a especies como el Samán o el Mango y los mata paulatinamente). Un vegetal parásito puede desarrollarse sobre diversas plantas hospedantes (pleófago o plioceno), como ejemplo la especie llamada Pajarito en árboles de Samán; sin embargo, sólo puede vivir a expensas de fijada especie (ectoparásito, endoparásito; hemiparásito y holoparásito).

4.20.- Plantas Saprófitas.
Dícese del vegetal heterótrofo que se nutre a expensas de animales o plantas muertas y de toda suerte de restos orgánicos en descomposición o que ya están descompuestos. Existen básicamente dos (2) tipos de plantas saprófitas:
a) saprófitas obligados: vegetales que carecen de clorofila y de pigmentos análogos, y necesitan inevitablemente de dichas sustancias orgánicas;
b) saprófitas facultativas, tienen clorofila y pueden llegar a prescindir de las mismas.

4.21.- Micorrizas.
Es la asociación entre el hongo y la raíz de la planta donde ambos obtienen beneficios, lo mismo que con la palabra liquen (hongo + alga). Se expresa el concepto de un organismo dual, simbiosis o unión de las hifas de algunos hongos con el sistema radicular de la planta, básicamente con los pinos para fijar el nitrógeno atmosférico. Las micorrizas se formarán de preferencia en los suelos de los bosques ricos en mantillo (acículas de pinos, p/e), donde existe la posibilidad de fácil desarrollo de los hongos. En este caso la planta huésped recibe del hongo de nutrientes minerales y agua, mientras que el hongo obtiene de la planta hidratos de carbono y vitaminas que él por

sí mismo es incapaz de sintetizar; no obstante, la planta superior lo puede hacer gracias a la presencia de la fotosíntesis y otras reacciones internas.

4.22.- Bonos de Carbono

Es la contribución del bosque al cambio climático en términos de captura de CO_2. En distintas partes del mundo se desarrollan proyectos de Bonos de Carbono: aquellos que capturan o evitan que se emitan a la atmosfera distintos gases del efecto invernadero (GEI). Un Bono de Carbono representa la reducción de 1 tonelada (tn) de CO_2 o su equivalente de GEI, el cual es igual a 1 tonelada de CO_2 que ha sido removida de la atmosfera o en su defecto estimado en impuesto nacional al carbono.

// Los bonos de carbono son un mecanismo internacional de descontaminación para reducir las emisiones atmosféricas, en particular de los gases de combustión o gases del efecto invernadero (GEI) que son altamente contaminantes al ambiente; es uno de los tres (3) mecanismos propuestos en el Protocolo de Kyoto (aprobado en Japón el 11/12/1997), para la reducción de emisiones causantes del calentamiento global o efecto invernadero (**GEI** o gases de efecto invernadero).

El sistema ofrece incentivos económicos para que empresas privadas contribuyan a la mejora de la calidad ambiental y se consiga regular la contaminación generada por sus procesos productivos, considerando el derecho a contaminar como un bien canjeable y con un precio establecido en el mercado. La transacción de los bonos de carbono - un bono de carbono representa el derecho a contaminar emitiendo una tonelada de dióxido de carbono (CO_2) - permite mitigar la generación de gases contaminantes, beneficiando a las empresas que no contaminan o disminuyen la contaminación y haciendo pagar a las que contaminan más de lo permitido.

Es decir, quizás los países desarrollados quieren seducir al resto para que inviertan en bonos de carbono, pero el bajo precio de esos títulos los hace poco atractivos.

Mientras que algunos le llaman *"mecanismo de descontaminación"*, el término es considerado por otros como un error dado que se han ideado para intentar reducir los niveles de dióxido de carbono, o CO_2, pero el dióxido de carbono no es un gas contaminante, sino que, muy lejos de ello, es la base fundamental de la vida vegetal y, por tanto, de la vida animal sobre el planeta. Sin CO_2, no existiría vida en la Tierra. Cuya polémica se extiende y no se ponen de acuerdo para lograr éxitos al respecto.

V. VALORES Y BENEFICIOS DE LOS BOSQUES TROPICALES

Los bosques tropicales se caracterizan por tener amplia fitodiversidad de especies por unidad de superficie (de 80-100 especies/ha), mientras que los bosques de climas templados presentan casi homogeneidad de especies botánicas que los constituyen. La mayoría de los bosques tropicales proporcionan mayor versatilidad en los valores y beneficios que se obtienen de ellos, quienes en conjunto son indispensables para la existencia de la humanidad, ya que tienen la capacidad de satisfacer una amplia gama de necesidades al ser humano y restantes componentes ambientales: socioeconómicas, recreacionales, bioenergéticas, ecológicas, culturales, de servicios cooperativos, científicos e históricos, en cualquiera de los países donde estén ubicados.

Aunado a lo expuesto, en Venezuela, los bosques son el recurso natural más abundante y valioso que existen; los cuales junto al restante patrimonio forestal, cubren una proporción considerable del territorio nacional (> 50%), presentando una variada riqueza de especies vegetales, cuya fitodiversidad está relacionada no solamente por su umbral en el trópico, sino que además depende de la presencia de una marcada diferencia de ambientes fisiográficos, con una larga historia evolutiva, expresados por la convergencia de los tres (3) sistemas montañosos (véase **fotos 5.1, 5.2 y 5.3**): El Macizo Guayanés, considerada la formación geológica más antigua del mundo, donde existe la más amplia cantidad de bosques nativos de carácter primario o selva virgen en Venezuela, la Cordillera de los Andes y la Cordillera de la Costa.

Foto 5.1.- Macizo Guayanés

5.2.- Cordillera Andina   5.3.- Cordillera de la Costa

Fuentes: http://weblogs.madrimasd.org/images/weblogs_madrimasd_org/universo/818/o_tepui-2.jpg; http://images.google.co.ve/imgres; www.skyscrapercity.com/showthread.php?t=397355.

Dichos sistemas montañosos se encuentran interconectados con los llanos y otras depresiones fisiográficas en el país, lo que da origen a una gran diversidad de zonas de vida, y/o Zonas Fitogeográficas de Venezuela, cuyos ambientes abarcan desde los áridos desiertos de los Médanos de Coro y de la Guajira (colombo-venezolana), continuando en el ascenso latitudinal con los Bosques Xerofíticos en Carora del Edo. Lara y Lagunillas de Mérida, siguiendo con el Bosque Tropófilo o Caducifolio Tropical, con elevada calidad de especies madereras del país y la Zona Hidrófila (manglar), hasta la lujuriante vegetación de las selvas húmedas tropicales, como la selva del Territorio Amazonas perteneciente al Bosque Pluvial Macrotérmico / BPM (Hoyos,1994).

Este último bosque (BPM), es interface con el fogoso paisaje llanero, hasta el Bosque Pluvial Mesotérmico de las empinadas cumbres andinas, donde se ubica el pino criollo o P. laso en la prolongación oeste del Paramo de la Culata, además de nieves perpetuas tendientes a desaparecer en el Parque Nacional Sierra Nevada de Mérida, y el paisaje de las zonas altas de la Cordillera de la Costa (ob. cit., 1994).

Todos estos relacionados paisajes fisiográficos del país, han creado las condiciones propicias para el establecimiento del gran variado conjunto florístico que existe en el territorio venezolano, conforme lo indican los sistemas de información forestal, estudios de vegetación e inventarios forestales que se han realizado en la mayoría de las regiones y estados de Venezuela, por parte de entes oficiales y privados como el otrora Ministerio del Poder Popular para el Ambiente (hoy MINEC), cuyas tierras forestales ofrecen paisajes florísticos tan hermosos como variados, de los cuales pocos países del mundo poseen una gama tan rica de las citadas Zonas Fitogeográficas venezolanas.

De lo anteriormente expuesto, se deriva que los productos provenientes de los bosques naturales o culturales en Venezuela, son clasificados según el Ministerio del Poder Popular para el Ambiente (ente rector para la conservación y sustentabilidad del avance forestal venezolano, 2007), en productos forestales primarios o designados maderables y productos forestales secundarios o no maderables, también denominados productos forestales menores.

Los referidos productos forestales pueden contribuir a corto y mediano plazo a la recuperación económica y el bienestar social del país, si el reseñado patrimonio forestal es fomentado y mejorado con criterio de sustentabilidad, mediante planes de ordenación y manejo forestal, conforme lo establece la promulgada Ley de Bosques (2013), porque son abundantes las potenciales industrias y empresas comerciales que existen en el país, que pueden ser desarrollados o expandidos, utilizando como materia prima los productos del bosque natural o de plantaciones forestales con fines productivos.

En consecuencia, por la situación especial del país, de presentar grandes extensiones de bosques naturales y de plantaciones forestales (unas 600.000 ha de Pino caribe Variedad Hondurense, p/e), se debe promover la acción para poner en marcha algunas soluciones inmediatas para la recuperación económica y estabilización social, ya que el país está en condiciones de incrementar a corto plazo la producción de materia prima forestal, a través de las referidas concesiones para abastecer a las industrias forestales primarias, conformadas por las Industrias Mecánicas de la Madera (contraenchape, aserrío y panforte) e Industria Química de la madera (pulpa para papel), así como las industrias forestales secundarias (fabricación, manufactura y mercadeo de bienes de consumo final derivados de materia prima forestal o madera en rola, como son los residuos forestales (para abastecer la industria del aglomerado), entre otros bienes).

En este sentido, se debe incorporar a los planes de manejo las reservas forestales nacionales, localizadas en los Llanos Centro Occidentales (intervenidas) y en el Oriente del país, con gran potencial de diversos productos forestales, utilizándose integralmente en la actividad comercial del país, todo lo que el bosque produce, como fuente de desarrollo complementario y de participación de las referidas industrias forestales.

De igual forma a las plantaciones de Pino caribe sobre la Mesa de Guanipa de Uverito y Chaguarama, establecidas en 1969 (más de 52 años) por la mente principal de este gran proyecto el Ingeniero Agrónomo José Joaquín Cabrera Malo, o Jota Jota como también se le llamaba, reconocido como el bosque establecido más extenso del mundo, unas 600 mil hectáreas con densidad de plantación de 1.111 individuos / hectárea / ha (densidad ideal para la producción de celulosa para pulpa), las cuales han estado menguando por la devastación de los incendios forestales y por la subestimación de su uso por el cual fue constituido (ha venido siendo destinado para el aserrío).

En la actualidad el Gobierno Nacional pretende instalar plantas procesadoras de pulpa para papel, a los fines que dichas plantaciones de Pino caribe cumplan el objetivo inicial de las mismas, contrario a lo destinado para el aserrío, subestimación de su uso que se le ha dado cuando sobrepaso su turno de corte (6-8 años); no obstante, ha habido bajo consumo para celulosa o pulpa, en particular de la empresa privada para producir papel y cartón, primordialmente.

De la misma forma, el bosque tiene la capacidad de satisfacer necesidades económicas y sociales, con el establecimiento de las siguientes industrias forestales secundarias o no maderables: de carácter Agro-Alimenticias, ya que los bosques producen variedad de alimentos para la humanidad: frutas, nueces, moras, condimentos, especias, aceite de comer, vinagre, azúcar, entre otros; así como forraje para el ganado, entre ellas las especies arbóreas de la gran familia de las Leguminosas: Samán o Laro

(Albizzia / Smanea saman); Cara-cara (Enterolobium ciclocarpium), Algarrobo (Himenea courbaril) y arbustiva de gran contenido proteico: Mata Ratón (Glicidium sepium), Leucaena spp y diversidad de especies del género Acacia, u otras como el Cacahuito (Sterculia apetala). Igualmente se abastece la industria farmacológica o laboratorios que originan medicinas, como el Laboratorio PROFARMACOS, ubicado en la vía principal a la zona industrial de Lagunillas de Mérida-Venezuela (de donde es oriundo el autor de este libro), con la gran cantidad de especies de perfiles medicinales encontradas en los bosques tropicales, con propiedades preventivas y curativas de enfermedades; así como a la industria de cosméticos, por la presencia en el bosque y en el sotobosque de especies con esencias aromáticas y aceites volátiles, utilizadas para fabricar: colonias, perfumes, champú, cremas y jabones, entre otros numerosos cosméticos. Además, el bosque suministra la materia prima para las diversas industrias de productos químicos, por la gran cantidad de varias sustancias o materiales que se pueden obtener de los productos forestales, entre otros: fertilizantes, biócidas, alcohol, plásticos y cauchos o neumáticos.

Del mismo modo, los bosques generan productos forestales para abastecer la demanda de las industrias de Curtiembre y Encolados, puesto que el bosque es generador de productos, tales como: taninos (algunas especies de Mangle y el Dividivi, p/e), utilizados para curtir cueros; resinas extraídas de pinos, látex generado del Cardón, la Lechosa y el Matapalo y colas o pegamentos (Caujaro, p/e); utilizados para fabricar los productos encolados; asimismo, a las industrias de pinturas y barnices, mediante el uso de trementinas, derivadas por resinación de especies distintas al del pino de plantación.

Por otra parte, abastece a las industrias textiles, ya que del bosque se obtienen telas y fibras utilizadas en la fabricación de ropa de vestir y otros accesorios (algodón de seda); e igualmente la Industria Bioenergética (carbón activado y leña), sobre todo de maderas duras que producen energía para cocinar; es decir, carbón vegetal y leña, así como algunos productos combustibles que se obtienen en el proceso de carbonización (metanol, propanol y butanol). "El tránsito automotor originalmente utilizaba como fuente energética la leña que producía el combustible-metano" (comentarios recurrentes).

Continuando con la satisfacción de la amplia gama de necesidades contribuidas por el bosque, se puede considerar que al aumentar el desarrollo económico planificado, con el establecimiento de las industrias en referencia, utilizando como materia prima los productos provenientes del bosque (hojas, raíces, flores, tallos, ramas, frutos y residuos vegetales generados del aprovechamiento e industrialización de los productos maderables), igualmente se tiende hacia la estabilización de la sociedad venezolana.

En efecto, los bosques son importantes fuentes para mantener el equilibrio social y cultural, particularmente para los pueblos que viven en el interior de los mismos o en sus cercanías (Socopo en el estado Barinas, p/e) y para otras comunidades que dependen de ellos en las fases o etapas de planificación, administración, manejo silvicultural e industrialización de los productos que se derivan de él, puesto que en todas estas etapas se generan fuentes de empleo directos e indirectos, con amplia eficacia, si se fomenta la producción sustentable o ecoeficiente de los bosques nativos o culturales.

Al igual que los bosques diversifican la economía venezolana, de igual forma satisfacen absolutamente con el menor daño posible a los medios que conforman el ambiente, las necesidades sociales y culturales que requieren las comunidades modernas, que exigen cada día productos biodegradables y hasta recuperables a través del reciclaje, el reúso o reducción, como es el caso del cartón y el papel que se debe minimizar su consumo, así como el reúso de la madera de embalaje, cuyo proceso ahorra la intervención del bosque, en particular las plantaciones de pino o la explotación de otras especies de fibra larga o semilarga (como ejemplo: los del genero Eucalipto, así como las especies de Bambú o Guadua, Teca y Melina, entre otras).

Desde el punto de vista ambiental, del mismo modo es amplia la labor benefactora que desempeñan los bosques, ya que proveen hábitat, refugio y alimento a la fauna silvestre; protegen y conservan los suelos y las aguas, al defender al suelo contra los agentes erosivos, ayudan a mantener el régimen hídrico de las cuencas, subcuenca y micro cuencas, así como garantizan agua a través del ciclo hidrológico, cuando sirven de frente orográfico para contribuir a abatir a las nubes (bosque de la Sierra de Perijá, de la Sierra Nevada y de la Sierra de la Culata en el estado Mérida, p/e).

Asimismo, el bosque es un factor contribuyente a la estabilidad climática, al regular los factores que constituyen el microclima y reducir el calentamiento global de la tierra; además purifican el aire a través de la función fotosintética, al transformar el CO_2 que se escapa del tránsito automotor y exhalan humanos y animales al consumir el oxígeno que se respira. De igual forma protegen a los cultivos agrícolas de los efectos del viento, a través de cortinas rompevientos y dan sombra a algunos cultivos agrícolas que lo requieren, así como al ganado vacuno, caballar u otros, a la vez de ofrecer algunas plantas forraje de elevada calidad: la mayoría de la Familia de la Gran Leguminosas y otras especies de frutales perennes (Algarrobo, Jobo, Cacahuito, Cotoperíz, Mango, Mamón, Merey o Cágüil, entre otras especies).

De la misma manera, los bosques enriquecen y embellecen el paisaje e irradian belleza escénica con la diversidad biológica que los constituyen, al ser paisajes propicios para el descanso, la recreación o solaz esparcimiento; bien con los bosques nativos, con la arboricultura o desarrollos paisajísticos con especies ornamentales (Acacia Flamboyán, Apamate, Araguaney, Almendrón, Cañahuato, Jabilla). De la misma forma, es símbolo de culturas y civilizaciones desde los tiempos más antiguos hasta la humanidad moderna, con ciertas manifestaciones, tales como el Edén o Paraíso Terrenal de Adán y Eva e inspiración y musa de poetas y pintores.

Sin embargo, con toda la utilidad que nos brinda el bosque, en algunos ámbitos del territorio nacional, como la Región Zuliana, se han explotado en forma anti ecológica, hasta el punto de conllevar a extinguirlos, como es el caso de la Selva Sur del Lago de Maracaibo, que daba continuidad por las riveras del mismo en ambas costas (costa oriental / COLM y costa occidental del lago de Maracaibo).

En este sentido, se invita a inversionistas u otros a establecer amplios programas de forestaciones, reforestaciones, arborizaciones, revegetaciones y plantaciones con fines conservacionistas (de protección, ornamentación y de restauración ecológica), así como de carácter comercial o de producción, al igual que poner en práctica los conocidos subsistemas agroforestales: agro-silvo, silvo-pastoril y agro-silvo-pastoril, con el objeto de mejorar las condiciones del nivel de vida de la población actual que bastante lo necesitan y garantizarle también bienestar a las venideras generaciones.

A continuación, se indican los Valores y Beneficios del bosque (Potencial Productivo), según esquema de la

FAO (Organización de la Naciones Unidas para la Agricultura y la Alimentación); cuyo contenido es acompañado al lado de los subtítulos entre paréntesis de color verde, con el enfoque del punto de vista del autor del presente trabajo, además de complementarlo con la siguiente información: participación de carácter operacional, fundamentado en particular por su experiencia de más de 38 años como Ingeniero Forestal; académico TV del Programa de Maestría de Gerencia Ambiental promovido por la UNEFA-Núcleo Zulia (2010-...), aunado como Jefe de Línea de Investigación del mismo programa (2010-2013), entre otras procedimientos académicos y como Gerente de Ambiente, Seguridad y Salud de Cementos Catatumbo, C.A. (2013-...):

5.1.- BENEFICIOS PRODUCTORES (Valores Comerciales):

5.1.1.- Produce Bienes Materiales (valores económicos): El bosque genera materia prima para abastecer la demanda de las siguientes industrias forestales:

5.1.1.1.- Industrias Mecánicas de la Madera:

Las industrias mecánicas de la madera, procesan sobre todo los llamados productos forestales primarios (PFP), también designados productos maderables derivados del bosque natural o cultural, con excepción de la industria de aglomerados, que a la par utiliza los productos forestales secundarios (PFS), no maderables o también llamados residuos vegetales resultantes del aprovechamiento de los PFP (mayormente de las especies blandas y semiduras como el Samán, entre otras indicadas en el cuadro 5.1). Las industrias mecánicas de la madera están conformadas por:

a)   Industria del Aserrío: Esta industria transforma mediante discos o sierras sinfín las rolas de las ramas aprovechables o de los fustes principales de los arboles provenientes del bosque natural o cultural en: tablones o listones, tablas, vigas, varetas y otros, para confeccionar bienes domésticos, comerciales e industriales. Las especies forestales mayormente utilizadas en esta industria, son las de maderas finas, duras, semiduras y algunas maderas blandas (véase **cuadro 5.1**), de las cuales gran parte están protegidas actualmente mediante decretos de vedas, sobre todo para protegerlas del exceso de explotación por su elevado valor comercial o productivo.

Según Anuario Estadísticas Forestales (2021) y otros autores en materia forestal, puntualizan que la producción de madera aserrada en Venezuela se pasó de 280.000 m^3 en el año 2015, a 40.000 m^3 en el año 2019, mientras que en 2020 fueron incluso menores las cifras; quizá porque la mayoría de las especies madereras han sido vedadas para protegerlas; por lo cual un gran número de aserraderos en Venezuela han cerrado sus puertas.

a) **Industria de Contraenchapado** (c)**:** Es la industria mecánica de la madera que transforma en chapas y chapillas, mediante el desembobinado de las rolas o fuste principal de los árboles, de las especies de maderas blandas y semi blandas, para luego fabricar los panelfortes, así como también elaborar puertas entamboradas (chapas separadas por listones llamados tripa) o confeccionar pisos. Las especies forestales utilizadas en esta industria son por lo general las maderas blandas (véase **cuadro 5.1)**.

b) **Industria de Aglomerado** (a)**:** Es la industria mecánica de la madera que utiliza integralmente los productos forestales derivados del bosque, ya que mediante un equipo chispeador y encolado de las virutas resultantes, se transforma en tableros, tanto los PFP como los residuos vegetales o PFS, provenientes de un aprovechamiento de madera en rolas, sobre todo aquellas de especies de madera blandas y semi-blandas descritas en el **cuadro 5.1**. De acuerdo a la misma fuente antes referida (2021), informan que la producción de tableros de partículas (utilizado para gabinete de cocina, entre otros muebles), se pasó de 300.000 m³ en 2015, a 30.000 m³ en el año 2019.

Cuadro 5.1: Especies utilizadas por las Industrias Mecánicas y Química de la Madera

MADERAS DURAS		
Algarrobo	Hymenea courbaril	Caesalphinaceae
Asmo/ Masaguaro	Seudosamanea guachapele	Mimosaceae
Araguaney	Handroanthus chrysantha	Bignonaceae
Cañahuato	Tabebuia guayacan	Bignonaceae
Canalete	Cordia thaisiana	Boraginaceae
Carreto*	Aspidosperma polineurom	Apocynaceae
Curarire o Puy	Handroanthus serratifolia	Bignonaceae
Penda o Cañada	Tabebuia chrysea	Bignonaceae
Roble rojo	Platymiscium pinnatum	Mimosaceae
Vera negra	Bulnesia arborea	Zigophyllaceae
Ébano	Caesalpinia granadillo	Mimosaceae
Dividivi	Caesalpinia coriara	Caesalphinaceae
Mangle rojo	Rhizophora brevistyla	Rhizophoraceae
Mangle negro	Avicennia germinans	Acanthaceae
Mangle botoncillo	Conocarpus erectus	Combretaceae
Mangle blanco	Laguncularia racemosa	Combretaceae
Guamacho	Pereskia Guamacho	Cactácea
Guayacán	Guaiacum officinale	Ygophyllaceae
Mora	Chlorophora tintoria	Moraceae
Quebracho colorado	Schinopsis quebracho	Anacardeaceae
Pino laso o Pino criollo	Decussocarpus rospigliosii	Podocarpaceae
MADERAS SEMIDURAS		

Aserrío

Aceituno	Vitex orinocensis	Verbenaceae	A y c
Cabima o Aceite	Copaifera officinalis	Caesalpinaceae	Aserrío
Caujaro	Cordia collococca	Boraginaceae	A
Caimito	Chysophyllum cainito	Sapotaceae	A
Samán o Lara	Samanea / Albizzia saman	Mimosaceae	A y a
Saquisaqui o Ceiba	Pachira quinata	Bombacaceae	A, a y c
Sangre Drago	Pterocarpum podocarpus	Papilonaceae	A
Gateado	Astronium graveolens	Anacardiaceae	A
Palo e María	Triplaris caracasana	Plygonaceae	A
Jebe	Lonchocarpus atroporpureus	Papilonaceae	A
Cartán o Balaustre	Centrolobium paraense	Papilonaceae	A
Charo amarillo	Brosimum alicastrum	Moraceae	A
Pino del incienso	Pino caribaea	Pinaceae	Pulpa papel
MADERAS BLANDAS			
Cacahuito o Camoruco	Sterculia apetala	Sterculiaceae	c
Caracara	Enterolobium ciclocarpium	Mimosaceae	A y c
Caracolí o Mijao	Anacardium excelsum	Anacardiaceae	c
Ceibote o Majumba	Ceiba pentandra	Bombacaceae	c
Higuerón o Lechero	Sapium aubleitunum	Euphorbiaceae	A y c
Jabilla	Hura crepitans	Euphobiaceae	A y c
Jobo	Spondia mombim	Anacardiaceae	c
Coco e mono o Táparo	Couroupita guianensis	Lecythidaceae	c
Higuerón	Ficus máxima / higuera	Moraceae	a y c

MADERAS FINAS			
Apamate	Tabebuia rosea	Bignonaceae	Aserrío (A)
Caoba	Sweitenia macrophilla	Meliaceae	Aserrío
Cedro	Cedrella odorata	Meliaceae	Aserrío
Pardillo	Cordia alliodora	Boraginaceae	Contraenchape (c) y A
Teca / especie Introducida	Tectona grandis	Lamiaceae	Contraenchape (c) y A

FUENTE: Elaboración propia, basada en la clasificación del Ministerio del Poder Popular para el Ambiente, referencias bibliográficas y experiencias del autor. Maracaibo, junio de 2019.

* Especie endémica del Pie de Monte de la Sierra de Perijá colombo-venezolano, hasta el ámbito geográfico del Municipio Rosario de Perijá del Edo Zulia en Venezuela (margen izquierda del río Cogollo).

5.1.1.2.- Industria Química de la Madera (IQM): Logra la obtención de pulpa para la elaboración de papel y cartón. Las especies utilizadas en esta industria, son en general las de fibras largas, como la mayoría del género botánico de los pinos, que producen papel de elevada calidad (Pino caribe, p/e). También son utilizadas en esta industria, otras especies, tales como: bagazo de caña de azúcar (utilizado en los Trapiches para generar energía calórica en las calderas, después de ser secado bajo el sol), fibra de musáceas (plátanos y varios tipos de cambur) y otros de fibras semilarga, como: la Melina, el Eucaliptos y la Teca, utilizadas sobre todo para elaborar cartón.

5.1.1.3.- Industria de Pinturas, Barnices u otros: Las trementinas que se derivan por la resinación de varias especies vegetales, son utilizadas en una línea de productos que incluyen pinturas y barnices, lubricantes y tintas, que son materia prima de gran valor para estas industrias. La trementina es una resina semilíquida que emana de árboles coníferos y terebintáceos, principalmente; cuya sustancia obtenida de éstos y otros árboles contienen de un 75 - 90% de resina y entre un 10 y un 25% de aceite. La trementina, sometida a un proceso de destilación, produce aceite o esencia de trementina, $C_{10}H_{16}$, dejando como residuo la colofonia. Los terebintáceos, incluye arboles como el Quebracho colorado y el Cardamomo, entre otros (**cuadro 5.2**).

Cuadro 5.2: Productos Forestales Secundarios: Trementinas/Colorantes/Taninos

NOMBRE COMÚN	NOMBRE CIENTIFICO
Pino amarillo	Pinus palustris
Pino del incienso	Pinus caribaea
Cardamomo	Elettaria cardamomum
Quebracho colorado	Schinopsis quebracho
Onoto / Achiote / Muyo	Bixa orellana
Morichito	Leopoldinia major
Mangle rojo	Rhizophora mangle
Dividivi	Caesalpinia coriaria

Fuente: FAO. Estado de la Información Forestal en Venezuela. 2002

5.1.1.4.- Industria de Curtiembres y Encolados: La extracción de los taninos de la corteza del mangle, del dividivi y del pino, entre otras especies, es usado como curtiembre de cueros, telas e hilo, así como también los adhesivos fenólicos extraídos de los mismos son usados para el encolado de la madera. En Venezuela existen empresas del sector manufacturera CURTICIÓN, que se encargan de la elaboración y comercialización de curtido de pieles de ganado bovino principalmente: Curtiembre Centro Occidental de Venezuela, C.A.; Curtiembre PARACOTOS ubicada en Caracas Distrito Federal; Industria Los Andes (FILACA), las cuales en los actuales momentos están desabastecidas de cuero, en particular para surtir a la industria venezolana del calzado, a pesar que en el país se sacrifican un número considerable de cabezas de ganado. Mientras que en el hermano país Colombia, la industria esta abastecida y se ubica mayormente en Bogotá y Cundinamarca (un 81,83%).

5.1.1.5.- Industrias del Carbón Activado: Con el proceso manufacturero de la carbonización, particularmente de las maderas duras, tales como: Zajarito (especie común aprovechada en la subregión Guajira de la región Zuliana-Venezuela para elaborar carbón vegetal en hornos artesanales colocados en el subsuelo), Curarire, Vera, Cují, Algarrobo, Zapatero, Carreto, Canalete, Cañahuato, entre otras especies; cuyas industrias forestales son abastecidas mayormente de las explotaciones forestales selectivas anuales permisados por el organismo con competencia ambiental, obteniendo carbón vegetal activado, en cuyo proceso se puede obtener productos combustibles: metanol, propanol y butanol, de gran uso en el ámbito doméstico, comercial e industrial.

5.1.1.6.- Industrias de Tejidos y Tableros de Pajillas:

Mientras que la lana, el algodón, el lino y la seda, ocupan un lugar preferente entre las fibras naturales del mundo contemporáneo; además, de otras especies botánicas, todas ellas menos atractivas, pero igualmente importantes, cumplen con los difíciles requerimientos del comercio y la industria textil, en el que se hallan: las fibras obtenidas de Palmeras, Vástago de las musáceas (plátano y cambur), Caña brava, Junco y Enea utilizadas para la fabricación de sombreros, la manufactura de muebles, esteras, jamugas para bestias, otros tejidos.

Igualmente, el bambú o guadua (hierba gigante), puede ser utilizado en la construcción de puentes y casas hasta completas, para tuberías de agua, muebles de hogar y otros utensilios; asimismo, del aprovechamiento del palmito (palma manaca), se pueden obtener tableros de pajillas; además, del aprovechamiento del bagazo de la caña de azúcar, se puede obtener pulpa para papel y cartón, así mismo se pueden elaborar pisos para viviendas (parquet). En general, los cultivos de fibras, proveen materia prima para vestido, aislamiento y embalaje, entre otros usos de las industrias artesanales, de las cuales algunas especies se mencionan en el **cuadro 5.3** a continuación:

Cuadro 5.3: Productos Forestales No Maderables: Fibras

NOMBRE COMUN	NOMBRE CIENTIFICO
Moriche	Mauritia flexuosa
Chiquichiqui	Leopoldinia piassaba
Cumare	Astrocaryum aculeatum
Cubarro	Bactris major
Palmas trepadoras	Desmoncus orthocanthos / polyacanthos
Palma Seje	Jessenia bataua
Cocurito	Máximiliana maripa
Macanilla	Socratea exorrhiza
Cocuiza	Furcraceaea humboldtiana
Majagua	Heliocarpus popayanensis
Guácimo	Guazuma ulmifolia
Mamure	Heteropsis spruceana
Tirita	Ischnosiphon sp.

Fuente: FAO. Estado de la Información Forestal en Venezuela. 2002

5.1.1.7.- Industria de Productos Alimenticios: Los recursos alimenticios provenientes del bosque, son entre otros: almendras, nueces, moras y frutas (Cacahuito o Camoruco, Cajuil o Merey, mamones, mangos, Cerezos, Jobo, Ciruela, Chirimoya, Guanábana, Guayaba, Zapote, Mamey, Pan de Año, Tamarindo, Dato o Yaguarey, Guamo, Coco, Corozo y Aguacate), los cuales son una fuente importante para la alimentación local, y en muchas regiones son otro producto convertible en dinero al ser industrializada su producción: ejemplo la venta de merey en la subregión Perijá del Estado Zulia.

También una fuente importante de aceites vegetales, tales como la palma africana, cultivada en el Sur del Lago de Maracaibo, es utilizada en la actualidad como aceite comestible y como aceite lubricante para los aviones; mientras que las especies como: nuez moscada, pimentón, cilantro, tomate, cebolla, ají, canela, clavo, pimienta, y vainilla, realzan las comidas en todo el mundo y la caña de azúcar produce papelón y azúcar para endulzar jugos y refrescos, para elaborar dulces, manjares y helados (**Cuadro 5.4**).

Cuadro 5.4: Productos Forestales No Maderables: Alimentos

NOMBRE COMUN	NOMBRE CIENTIFICO
Palma Manaca/Palmito	Euterpe oleracea
Moriche	Mauritia flexuosa
Árbol del Pan	Artocarpus altitis
Pijiguao	Bactris gasipaes
Corozo	Acrocomia aculeata
Cotoperiz	Talisia oliviformis
Cubarro	Bactris major
Palma llanera	Copernicia tectorum
Palma seje	Jessenia bataua
Temiché	Manicaria saccifera
Sejito	Oenocarpus bacaba
Carata	Sabal mauritiformis
Coquito	Attalea ferruginea
Jobo	Spondias mombin
Ponsigué	Sacaglostis cydoniodes
Guamo	Inga spp.
Guácimo	Guazuma ulmifolia
Ciruelo de huesito	Spondias purpurea
Merey	Anacardium occidentale
Mango	Mangifera indica
Mamón	Meliccoca bijuga
Nuez del Brasil	Bertholletia excelsa
Guanábana / Anón	Annona muricata
Deweke (Yecuana)	Astrocaryum gynacanthum

Corocillo / Cumare	Astrocaryum gynacanthum
Dutare (Piaroa)	Lacméllea microcarpa
Guada	Dacryodes microcarpa
Algarrobo	Hymenaea courbaril
Atepillo	Macrolobium acaciifolium
Cocura	Pourouma cecropifolia
Yukae (Piaroa)	Goupia glabra
Guarray	Licania hypoleuca
Tupiro	Solanun sessiliflorum
Patema (Yanomami)	Abuta grandifolia
Parchita	Passiflora nitida
Temare	Pouteria caimito
Caimito	Chysophyllum caimito
Pico de pauji	Casearia javitensis
Palo de niña	Humiria balsamifera
Pendare chiquito	Couma utilis
Chingo	Campsiandra angustifolia
Maya	Bromelia chrysanta
Piña	Ananas comosus
Guayaba	Psidium guajaba
Tamarindo	Tamarindus indica
Cacahuito o Camoruco	Sterculia apetala

Fuente: FAO. Estado de la Información Forestal en Venezuela. 2002.

5.1.1.8.- Industria de Productos Químicos varios:

Los aceites volátiles o esencias que se extraen de algunas plantas del bosque, se encuentran en flores, cáscaras de frutos (como la naranja, hinojo), semillas (anís, nuez moscada), hojas (eucalipto, hierba buena), raíz (jengibre, por ej.), sumidad florida (lavanda, menta), corteza (canela), entre otros aceites que sirven de condimento.

Del mismo modo, también odorantes en artículos tan dispares como la cera de lustrar, los alimentos cocidos, el espray mata insectos y los cosméticos o maquillajes utilizados por las damas; los cuales contienen diferentes fotoquímicos que son los responsables del efecto terapéuticos, entre ellos están: los terpenos como el geraniol, linalol, eugenol, hidrocarburos, aldehídos (que dan el olor particular), compuestos con azufre (como el sulfuro de dialillo presente en el ajo), u otros.

Fuente: (http://cimed.ucr.ac.cr/archivos/Consulta%20Mes/2007/Consulta%20de%20agosto.pdf).

Asimismo, la goma y otros exudados, provenientes de algunas especies como la variedad de Matapalos (Ficus spp), son ingredientes básicos del jabón, del barniz, medicamentos, pelotas de golf, entre otros. Además, aparte de los productos forestales más obvios, como los frutos y las maderas, los bosques también proporcionan gomas, cañas, fibras, especias, aceites, tintes y esencias, provenientes de las raíces, hojas, tallos y flores del sistema viviente del bosque y sotobosque, que representan un amplio depósito de materias primas para las variadas industrias químicas, cuyas esencias sirven para elaborar: perfumes, colonias, champú, jabones, etc. También existen otros de los tantos productos químicos extraídos de las plantas, como: el alcohol, el vinagre, los fertilizantes, los plaguicidas y los neumáticos (**cuadros 5.5. y 5.6**)

Cuadro 5.5: Productos Forestales No Maderables: Aceites

NOMBRE COMUN	NOMBRE CIENTIFICO
Palma seje	Jessenia bataua
Sejito	Oenocarpus bacaba
Cocurito	Maximiliana maripa
Manaca	Euterpe oleracea
Temiche	Manicaria saccifera
Pijiguao	Bactris gasipaes
Yagua	Sheelea butyraceae
Copaiba, Cabima	Copaiba officinalis
Chiquichiqui	Leopoldinia piassaba
Sasafrás	Ocotea barcellensis

Fuente: FAO. Estado de la Información Forestal en Venezuela. 2002

Cuadro 5.6: Productos Forestales No Maderables: Látex y Resinas

NOMBRE COMUN	NOMBRE CIENTIFICO
Caucho	Hevea brasiliensis
Purguillo	Pouteria egregia
Charo amarillo	Brosimun alicastrum
Purgo	Manilkara bidentata
Chicle	Ecclinusa guianensis
Vaco	Brosimun utile
Bálsamo de Tolú	Myroxilon balsamum
Sarrapia	Coumarouna punctata
Pendare	Couma utilis
Pendare de lagartijo	Neocouma ternstroemiaceae

Fuente: FAO. Estado de la Información Forestal en Venezuela. 2002

Por su parte, el **látex** natural es una suspensión acuosa coloidal compuesta de grasas, ceras y diversas resinas gomosas obtenida a partir del citoplasma de las células laticíferas presentes en algunas plantas angiospermas y hongos, de cuya segregación se elaboran pelotas de golf, entre otros usos la *fabricación de neumáticos a partir de látex*, que en la actualidad se obtiene de forma sintética.

5.1.1.9.- Industria farmacológica: El bosque es fuente productora de una serie de medicamentos, entre ellos los siguientes: *la estrienina,* mantiene su valor comercial como valioso y efectivo veneno contra parásitos. *La diosgenina,* es un medicamento de incipiente importancia para la producción de píldoras para el control de la natalidad. El aceite de palo extraído de la Cabima (Copaifera officinalis), es un extraordinario cicatrizante de heridas; mientras que la corteza del Drago (Pterocarpum podocarpus), es utilizada para el control de la diabetes, entre otras especies del **cuadro 5.7**.

Cuadro 5.7: **Productos Forestales No Maderables: Medicinales**

NOMBRE COMÚN	NOMBRE CIENTIFICO
Corozo	Acrocomia aculeata
Palma llanera	Copernicia tectorum
Palma trepadora	Desmoncus polyachanthos
Palma Manaca (control de leucemia)	Euterpe oleracea
Palma seje	Jessenia bataua
Morichito	Leopoldinia major
Temiche	Manicaria saccifera
Moriche (Cicatrizante e Hidratante)	Mauritia flexuosa
Cocurito	Maximiliana maripa
Sejito	Oenocarpus bacaba
Yagua	Scheeleabutyracea
Achote / onoto (aliviar problemas de riñón)	Bixa orellana
Almendrón	Terminalia catappa
Bejuco cadeno	Bahunia spp
Guanábano (anticancerígeno)	Annona muricata
Bucare	Erytrina peoppigiana
Cacao (evita males cardiovasculares)	Theobroma cacao
Cañafistula	Cassia moshata
Cedro (Bronquitis / Antiséptico)	Cedrela odorata
Frailejón (jarabe para aliviar la tos)	Espeletia schultzii
Guácimo	Guazuma ulmifolia
Guayabo (estreñimiento)	Psidium guajaba
Higuerón	Ficus glabrata
Indio desnudo (afecciones de la piel)	Bursera simaruba
Mamón (Hipertensión y Diurético)	Melicocca bijuga
Totumo	Crescentia cujete
Yagrumo	Cecropia santadérensis
Merey o cagüil (excelente astringente)	Anacardium occidentale
Majagua	Annona symphyocarpa
Majagua / Palo de vara	Duguetia megalophylla
Culantro de monte	Eryngium foetidum
Fruta de burro	Xylopia aromatica
Amapola / Platanote	Himatanthus articulatu
Tera atiyara pota (Piaroa)	Pleonotoma jazminifolia
Pocá tii (Puinave)	Tabernae montana cf. Undulada

Jaadi / Yadacadu enñadio (Yecuana)	Anthurium clavigerum
Baro-baro / Pulume	Geonoma deversa
Palo perro de agua	Schefflera spuceana
Temiche	Mancaria saccifera
Sejito / Seje	Oenocarpus bacaba
Seje	Oenocarpus bataua
Patawerin (Yanomami)	Bidens pilosa
Cachawi (Piapoco) / Jarilla (Guahibo)	Ichthyothere terminalis
Pri-juung shu (Puinave)	Orthopappus angustifolius
Mirasol	Tilesia baccata
Atebrino	Jaccaranda copaia
Cabima, Copaiba o Palo de Aceite	Copaifera camibar/officinalis
Suelda con suelda	Commelina erecta
Yuca de zamuro	Ipomoea argentea
Caña de india	Costus scaber
Algodón	Gossypium barbadense
Tabaco de venado	Tribachia alata
Orégano orejón	Coleus amboinicus
Dividivi	Caesalpinia coriaria

Fuente: FAO. Estado de la Información Forestal en Venezuela. 2002

Así mismo, *la quinina* es una importante droga anti-malaria. Esta droga es la más antigua y todavía la más efectiva en el tratamiento y prevención de la malaria, y es en consecuencia uno de los elementos primordiales en la medicina tropical. La quinina posee también marcadas propiedades; se utilizó ampliamente en el tratamiento y prevención de infecciones bacteriológicas, incluida la neumonía. Antes se le utilizaba también como sustituto de la cocaína, como anestésico.

También, la corteza de la especie *Chuchuguaza* (Maytenus laevis, Reissek), es usada como afrodisiaco, para la cura de la artritis y el reumatismo, combate la migraña, congestión nasal, dolor de cintura, dolor menstrual, regula la presión arterial, dolores musculares, calambres y torceduras.

En la **foto 5.1.1.9,** se observa la sede del laboratorio farmacológico PROFARMACOS, ubicado en vía principal de la zona industrial (Sur), declarada en el año 1.982, localizada en los Llanos de la Alegría, a 2 km de la ciudad de Lagunillas de Mérida, en dirección sur-este, frente a la moderna carretera que sirve de acceso a esta ciudad con sus pueblos vecinos y con la capital del Estado Mérida (Trocal 007), la cual tiene una extensión de unas 88 ha.

5.1.1.10.- Industria Artesanal: El bosque es fuente esencial de la materia prima que es demandada por los transformados oficios que sustentan los seres humanos, como son: **a)** carpintería, fábrica de muebles para el hogar y el comercio en sus diferentes formas y tipos, entre otras, la fabricación de estructura de madera como barcos o casas.

b) marquetería, es una técnica que consiste en recortar una chapa o lamina de madera formando dibujos y calado, realizada con sierra especial llamada segueta, considerado como un trabajo artístico y decorativo que se hace incrustado en madera trozos chicos de marfil, nácar y otras maderas.

c) ebanistería, fábrica de muebles de elevada calidad con maderas finas, que también elaboran juguetes e instrumentos musicales, entre otros (cuadro 5.8; **fotos 5.1 y 5.2**).

Cuadro 5.8: **Productos No Maderables: Artesanías, Materiales de Construcción, Utensilios e instrumentos musicales**

NOMBRE COMUN	NOMBRE CIENTIFICO
Coquito	Attalea ferruginea
Congrio bananero	Aspidosperma pachypterum
Palo de boya	Malouetia grandiflora
Mamure / Bejuco amure	Heteropsis spruceana
Cucurito	Attalea maripa
Mavaco	Attalea racemosa
Cumare	Bactris balanophra
Cubarro	Bactris balanophra
Manaca	Euterpe oleraceae
Baru-baru / Balu-balu	Geonoma baculifera
Baro-baro / Pulune	Geonoma deversa
Madre de fibra / Palmita de rebalse	Leopoldina pulcra
Moriche	Mauritia flexuosa
Cola de paya	Socratea exorrhiza
Cedro blanco / Marúpa	Jacaranda cf. Copaia
Candalai / Cedro blanco / Nazareno	Jacaranda obtusifolia
Tera atiyara pota (Piaroa)	Pleonotoma jazminifolia
Cachicamo	Calophyllum brasiliense
Sekisekima (Yanomami)	Heliconia cf. acuminata
Tabaco	Nicotiana tabacum
Escobilla	Sida cf. Setosa
Tirita	Ischnosiphon arouma
Voladora	Desmoncus polycanthos
Taparo	Crescentia cujete
Chiquichiqui	Leopoldinia piassaba
Cují	Prosopis juliflora
Guayaba	Psidium guajaba
Ciñaro	Psidium caudatum
Tagua	Phytelephas microcarpa
Sauce	Salix humboldtiana

Tuno blanco	Solanum spp.
Teca	Tectona grandis
Enea	Thypha dominguensis
Cubarro	Bactris major
Palma trepadora	Desmoncus polyacanthos
	Desmoncus orthocanthos
Palma seje	Jessenia bataua
Cocurito	Maximiliano maripa
Macanilla	Socratea exorrhiza
Cocuiza	Furcraceaea humboldtiana
Majagua	Heliocarpus popayanensis
Guácimo	Guazuma ulmifolia
Bambú	Guadua spp.
Cedro	Cedrela odorata
Samán	Samanea / Albizzia saman

Fuente: FAO. Estado de la Información Forestal en Venezuela. 2002

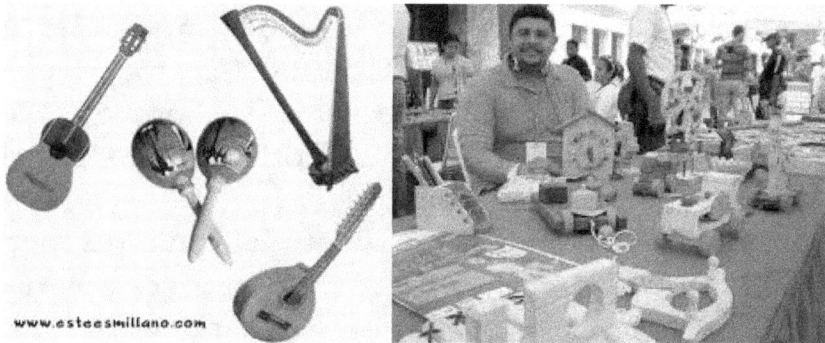

Fotos 5.1 y 5.2: Imágenes de la industria artesanal elaborados de madera.

5.1.2.- Genera Energía (valores Energéticos): El bosque en forma directa e indirecta es generador de energía, útil para los humanos en sus labores cotidianas, tales como:
5.1.2.1.- Produce Combustible para Cocinar: Son muchos los países del 3er mundo que aún utilizan leña y carbón para cocinar sus alimentos, proveniente de especies de crecimiento rápido introducidas en Venezuela como el Eucalipto y el Nim, a la par de las mencionadas en el punto 5.1.1.5.- Sin embargo, en cualquier metrópoli del mundo desarrollado se usa carbón en las parrilladas o barbacoas como se observa en **foto 5.3**.

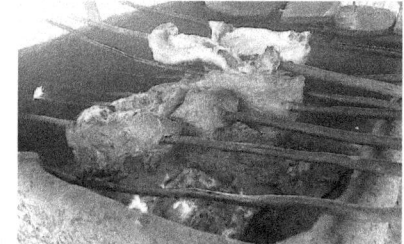

Foto 5.3: Cocimiento de alimentos con carbón vegetal.

5.1.2.2.- Favorece la Generación de Energía Hidroeléctrica: Dado que los bosques mantienen el régimen hídrico de los cursos de agua de cuencas, subcuencas y micro cuencas que abastecen presas para generar energía hidroeléctrica, ayudan menguando de esta manera la sedimentación del embase, lo cual alarga la vida útil de estos grandes depósitos de aguas construidos por las civilizaciones humanas, al controlar de manera eficiente los procesos erosivos, con su presencia para la cobertura vegetal del suelo. Como ejemplos: presas hidroeléctricas del Caroní, Uribante Caparo y Santo Domingo o José Antonio Páez, donde el bosque de galería originario juega un papel importante en mantener el caudal de manera permanente.

5.1.2.3.- Los bosques como fuentes alternas de energía: El gobierno venezolano y las inversiones privadas nacionales y foráneas, deberían desarrollar y perfeccionar a corto y mediano plazo, tecnologías limpias o verdes que permitan aprovechar el recurso forestal natural o de plantaciones forestales, como fuente alterna de energía, mediante los siguientes procesos tecnológicos:

a) La combustión directa, también llamada incineración, es el proceso mediante el cual la materia orgánica (formada siempre por carbono e hidrogeno), reacciona con oxígeno (en exceso) para formar CO_2, agua y como subproducto, una mínima parte de cenizas.

b) La carbonización o carbonilación es el término para la conversión de una sustancia orgánica en carbono o un residuo que contiene carbono mediante Pirolisis (véase d) o Destilación Destructiva.

c) La gasificación, es una tecnología de conversión de residuos en energía. Toma materia prima de desechos como residuos vegetales y aplica calor, oxígeno y presión para convertirlas en un gas de sostén. La Gasificación ha existido de alguna forma desde finales del siglo XVIII, cuando se utilizaba para producir alquitrán.

d) La pirolisis, es la descomposición química de materia orgánica y de todo tipo de materiales resultantes del bosque natural o de plantaciones, excepto metales y vidrios, causada por el calentamiento a altas temperaturas en ausencia de oxígeno. Involucra cambios simultáneos de composición química y estado físico, que son irreversibles.

e) La licuefacción, o licuación de los gases es el cambio de estado que ocurre cuando una sustancia pasa del estado gaseoso al líquido, por el aumento de presión y la disminución de temperatura, llegando a una sobrepresión elevada.

f) La hidrólisis, reacción química que usa agua para descomponer un compuesto.

g) La fermentación, proceso bioquímico por el que una sustancia orgánica se transforma en otra, generalmente más simple, por la acción de un fermento; por ejemplo, el vino es un producto de la fermentación del jugo de uva, también hoy día se elabora vino de fresa, mora y hasta de banana (sector El Valle de la ciudad de Mérida-Venezuela).

h) La síntesis de metanol, también conocido como alcohol metílico (CH_3OH), el cual es obtenido por síntesis a partir de gas natural, como combinación de óxidos de carbón e hidrogeno. Luego de ser sintetizado bajo presión es un proceso catalítico. El metanol crudo es purificado a grado químico por destilación, entre otros procesos industriales.

Dichos procesos son de gran utilidad como fuentes alternas de energía, que utilizan materia prima generada en el bosque. Pero sobre todo también debería utilizar otras fuentes alternas de energía "limpia" o verdes, tales como luz solar, la hidroeléctrica, la magnética, eólica y de las mareas, las cuales reemplazarían las energías contaminantes provenientes de los recursos fósiles y con ello la conservación del recurso bosque, al evitarse su pérdida para poder aprovechar los hidrocarburos y carbón mineral, así como evitar el efecto invernadero que provoca el calentamiento global, amortizado por la presencia del bosque tropical en gran parte (Amazonia y Serranía de Perijá).

5.1.3.- Genera fuentes de Empleo Directos (Valores Sociales): El bosque natural o de plantaciones, es generador de empleos en las siguientes actividades:

5.1.3.1.- Fases Operacionales del proceso de explotación y utilización del Bosque: referido al proceso de aprovechamiento del bosque, bien de los productos forestales primarios (madera en rola), o productos forestales secundarios (estantillos, madrinas, pilotes, cumbreras, vigas, flores, frutos, hojas, raíces, entre otros). Es decir, el bosque es creador de fuentes de empleo directo e indirecto en las siguientes fases de explotación y aprovechamiento de los productos forestales primarios o madera en rolas:

a) Tumba o derribamiento del árbol.

a) Roleo o seccionamiento del fuste del árbol y de las ramas aprovechables por las diferentes industrias mecánicas de la madera.

b) Acarreo, empatiado o empatiamiento de las rolas hasta los sitios de almacenamiento.

c) Carga, transporte y descarga a los centros de consumo (aserraderos, por ej.).

5.1.3.2.- Industrialización de Productos Forestales: El bosque concibe fuentes de empleo en forma directa e indirecta en la manufactura de los productos generados del mismo, durante el proceso de transformación de los P.F.P., en bienes útiles para la humanidad, tanto en las actividades domésticas, como en las actividades comerciales e industriales, procesadas mediante las industrias ya citadas.

5.1.3.3.- Administración y manejo de bosques culturales con las Reforestaciones, Forestaciones, Arborizaciones, Revegetaciones, Plantaciones Forestales con varios fines y Sistemas Agroforestales. La Generación de Empleo directa e indirectos Incluye las siguientes actividades de manera secuencial:

a) Diseño e Instalación del Vivero Forestal o de carácter Multifuncional: Se inicia con la selección del sitio de plantación que coincida sus características ambientales con las exigencias ecológicas de las especies que se van a producir, para lo cual se requiere: Recolección de Semillas, Fundación de la infraestructura del vivero, Tratamiento Pre germinativo, Siembra y Producción de Plántulas, previa desinfección de bancales de producción, luego Trasplante y traslado a Umbráculos, e incluye los cuidados técnicos culturales: riesgo, escarda, binamiento, fertilización, control de plagas y enfermedades.

a) Carga y Transporte de las Plántulas hacia los sitios de plantación, previa apertura de los hoyos de forma manual o con barreno ahoyador acoplado a tractor agrícola.

b) Proceso de plantación, reforestación, forestación, revegetación o arborización, previo el diseño y replanteo en el terreno e ingeniería del proyecto que contiene: apertura de hoyos, plantación, Construcción de Pocetas y colocación del tutor si se requiere.

c) Cuidados técnicos silviculturales: referido al Mtto de la Plantación que incluye la Restitución de plantas muertas o en proceso de deterioro irreversible, Reconstrucción de platones/pocetas, Riego, Fertilizaciones, Podas, Aclareos, Control de malezas manual o mecanizada y Control fitosanitario para combatir plagas y enfermedades causadas por agentes patógenos: artrópodos, hongos nematodos, virus, bacterias e insectos como las hormigas y bachacos, que quizás son los principales enemigos de las plántulas.

d) Proceso de la Cosecha y comercialización de los P.F.P y de los P.F.S.

5.2.- BENEFICIOS PROTECTORES (Valores Socio- Ambientales**):**

El bosque brinda una serie de valores y beneficios protectores a los restantes recursos naturales, a las condiciones ambientales y a algunas actividades que realizan los seres humanos (cultivos agrícolas, p/e), mejorando de esta forma la calidad de los hábitats de los seres vivos en la tierra en forma directa (La fauna silvestre, p/e) e indirecta (hombre al favorecer condiciones aptas como regular microclima y generar el O_2 que respiramos).

Dichas labores protectoras están emplazadas en el país Venezuela en las áreas bajo régimen de administración especial (ABRAE's), como: parques nacionales, monumentos naturales, reservas forestales, reservas hidráulicas y zonas protectoras, principalmente; es decir, los bosques colaboran en los siguientes escenarios o circunstancias:

5.2.1.- Influencias Benéficas (Valores Ecológicos y/o Ambientales**)**

5.2.1.1.- Paisaje: El bosque brinda resguardo a los animales y protección al suelo, mantienen el régimen hídrico del caudal de las cuencas hidrográficas, enriquecen la vida de las criaturas vivientes en la tierra con su belleza escénica, calma y gracia, haciendo de los medios físicos que constituyen el ambiente –suelo, aire y agua–, un paisaje más hermosos y agradables a la impresión visual (**fotos 5.4 y 5.5**).

Foto 5.4: Cascada que emana del bosque

Foto 5.5: Jardines en Boceto y bosque al fondo

5.2.1.2.- Clima: El ecosistema bosque regula las condiciones del microclima de la siguiente manera: A través del proceso de evapotranspiración que realiza la vida vegetal, es una de las formas que tiene la naturaleza de crear vapor de agua en el aire, la cual se eleva para formar las nubes, que eventualmente suministran las lluvias. Del mismo modo, los bosques de montaña sirven de frente orográfico para provocar la precipitación, como ejemplo los morros o colinas boscosas de la Sierra de Perijá.

En efecto, algunas imágenes de satélite vistas en Google Earth a través de Internet, muestran la gran cantidad de nubes en las regiones boscosas donde llueve la mayor parte del año: a lo largo del Ecuador, controlado por el movimiento aparente del sol (oscilación pendular entre el Trópico de Cáncer y el Trópico de Capricornio) y alrededor de Liberia, debido posiblemente a la influencia de los vientos húmedos del mar; favorecidos ambos casos por las masas boscosas (La Amazonia, p/e), que actúan como frente orográfico a las nubes cargadas de agua, que precipitan luego en estas zonas.

Asimismo, quizás ocurre al sur-este del país en el Territorio del estado Bolívar, donde existen las más extensas reservas forestales de Venezuela, cuya región presenta el mayor nivel pluviométrico. El bosque también es un factor contribuyente al parámetro temperatura, al contribuir reducir el calentamiento global de la tierra o regular el cambio climático global, al servir como sumidero para procesar los gases del efecto invernadero (GEI), ocasionados por la ignición de los combustibles fósiles (la tarea entonces será promover las plantaciones forestales como principales sumideros de carbono).

5.2.1.3.- Suelos: Los árboles son los guardianes del suelo que le sirve de soporte físico. Ellos ayudan a mantener la humedad de los suelos al penetrar sus raíces y aumentan la disponibilidad de agua superficial. Sobre todo, ayudan a prevenir la erosión de los suelos, ya que amortizan los efectos incidencias causados por los agentes erosivos principales, como son: el viento y la lluvia, aunado a la acción antrópica. La vegetación cobertora, es la mejor defensa del suelo en su doble aspecto de: Cooperar en su formación y por la acción protectora directa e indirecta contra los efectos de la erosión.

En líneas generales, existe la siguiente influencia benéfica del ecosistema bosque para con el recurso suelo, que es el soporte físico de todas las acciones que realizamos:

a) Incorporación de materia orgánica proveniente de restos y desechos de las plantas (hojas y ramas que caen sobre el suelo) y animales alojados en el ecosistema bosque (deposiciones), lo que contribuye a que la estructura del suelo sea más granular y, en consecuencia, a que sean mayores los espacios libres por donde el agua pueda circular.

a) El mantillo vegetal juega un papel importante en los procesos de formación del suelo y es uno de los factores principales en la conservación y en el incremento de su fertilidad. Tiene además un gran significado hidrológico, ya que actúa de filtro esponja en el proceso de penetración del agua en el suelo/subsuelo, lo que conlleva a amortizar grandemente el fenómeno de escurrimiento superficial de las aguas de lluvia, evitando principalmente la erosión de tipo surco y en cárcavas.

b) Protege al suelo en forma directa contra la erosión, ya que amortiza el choque de las aguas de lluvia y ofrece resistencia al agua en su movimiento dinámico, disminuyendo la velocidad de escurrimiento, así como evitando deslizamientos y derrumbes en terrenos de pendientes o de relieves irregulares.

c) Las raíces de las plantas contribuyen a la sujeción del suelo y su cobertura conlleva a corregir las cárcavas formadas y estabilizar taludes, realizada durante los procesos de recuperación ecológica, con las Técnicas de Bioingeniería o las designadas medidas biológicas de conservación de suelos y aguas (revegetaciones, forestaciones, u otras).

d) La incorporación de materia orgánica mejora la permeabilidad del suelo y aumenta la infiltración, optimizando de esta forma su capacidad agrologica, al contribuir en general a mejorar sus condiciones físico-químicas y biológicas del suelo.

5.2.1.4.- Agua: Los bosques tienen una enorme importancia en el ciclo hidrológico. Ellos absorben agua desde las raíces en el subsuelo, el agua asciende por el tallo y las ramas hasta las hojas y el agua se evapora en el aire por la influencia de la radiación solar (evapotranspiración). El agua constituida ya en vapor, se eleva para formar las nubes, que luego suministran lluvias y nieve. Ciclo que se repite como un círculo "vicioso", denominado ciclo hidrológico, completado con el proceso de las plantas denominado evapotranspiración, juntado al proceso de evaporación. Así mismo, la vegetación consigue reducir la rapidez en el movimiento de las aguas superficiales (escorrentía), retardando el tiempo de su incorporación a la red de drenaje natural.

5.2.1.5.- Fauna: El bosque es fuente productora de alimentos, así como también sirve de hábitat, refugio y anidación a la fauna silvestre. En los diferentes estratos del bosque tropical, los animales vertebrados, gozan de un espectro de posibilidades casi infinito para vivir. En general, en el estrato superior las flores están presentes durante todo el año en estos jardines aéreos, tanto de los árboles ornamentales como de plantas compañeras sostenidas en ellos (epífitas), las cuales atraen tanto a los murciélagos como a los pájaros con su dulce néctar y su polen rico en energía, quienes a la par de alimentarse cooperan en el proceso de reproducción y perpetuidad de los bosques.

Mientras que el estrato medio del bosque, provee innúmeros senderos y escondrijos para las criaturas animales que pasan su vida ocultándose de depredadores o ellos mismos encubriéndose para atacar a la presa. El estrato inferior, sobre el suelo del bosque, conformado por el mantillo vegetal (ramas y hojas) y el sotobosque, constituye un refugio excelente para los animales pequeños y a la vez le sirven como rica fuente de alimentos. De esta manera se encuentran, los diferentes tipos de animales silvestres, refugiados en los diferentes estratos del bosque (Edward, 1983):

a)   **Los habitantes de las copas de los árboles**: los animales que se encuentran en los árboles emergentes por lo general son pequeños y ligeros de peso, para que las ramas frágiles puedan soportarlos sin quebrarse, exceptuando una especie de mono ayudado por su habilidad en la acrobacia, lo cual los obliga a no permanecer todo el tiempo allí, sino que descienden de vez en cuando a los estratos más bajos, sobre todo en busca de alimentos. Los que también frecuentan este estrato, son: loros, guacamayos, tucanes, halcones, buitres, mono titi y halcones, entre otros animales.

a) **Colgando de las ramas**: los perezosos, por ejemplo.

b) **Los acróbatas de la selva**: mono orangután y el mono araña, entre otros.

c) Voladores y planeadores: rana voladora, culebra volante que ha desarrollado la técnica del planeo, así como los zorros voladores; asimismo murciélagos, aves, pájaros y las ardillas planeadoras, entre otros.

d) Los asesinos camuflados: pantera, leopardo y gato montés, entre otros felinos y animales depredadores camuflados en el bosque.

e) Trepadores y escaladores: jaguar, monos y otros primates, etc.

f) Anfibios y reptiles: ranas, serpiente, camaleón, etc.

g) Los hozadores: cachicamo, ratas u otros roedores, oso hormiguero, cerdo gigante del bosque (báquiro), encontrados por lo general sobre el suelo del bosque.

h) Los herbívoros: ganado bovino, caprino, ovino, equino, venados, entre otros, que utilizan las sabanas semi-arboladas para pastorear.

5.2.1.6.- Aire: Los bosques también purifican la atmósfera porque ayudan a combatir la contaminación del aire; es decir, las plantas a través del proceso llamado fotosíntesis, transforman el bióxido de carbono que emana del tránsito automotor por la combustión incompleta (CO), así como el que exhalan animales y humanos (CO_2), en oxígeno (O_2) que se necesita para respirar. Según investigaciones científicas, se ha determinado que un árbol produce unos dos kilogramos de O_2 por día, purificando el aire contaminado de gases fósiles que ocasionan el efecto invernadero, quienes provocan el calentamiento global de la tierra. Se pide que debamos plantar árboles para menguar el calentamiento global que nos azota cada vez más.

5.2.2.- Servicios de las Actividades Humanas (Valores Cooperativos):
El bosque ofrece enormes favores y servicios en forma de cooperación a las siguientes acciones que el ser humano realiza, bien para sobrevivir o con rentabilidad económica.

5.2.2.1.- Agricultura: Los árboles protegen a los cultivos agrícolas del influjo de los fuertes vientos a través de las denominadas cortinas rompevientos. Asimismo, producen sombra para algunos cultivos que necesariamente la requieren para poder cosecharse, tales como: algunas especies de Café y Cacao, entre otros; a la vez pueden suministrar algunos nutrimentos vegetales como el N, si son utilizados árboles de la gran familia de las leguminosas / Guamo, que produce frutas y atrapa el Nitrógeno (N) atmosférico a través de sus nódulos bacterianos y los incorpora al suelo para enriquecerlos.

5.2.2.2.- Caza y Pesca: Las cuencas, subcuenca y microcuenca que emanan de los bosques del mundo (véase foto 5.4, p. 69), son el hogar de la fauna ictiológica: anfibios, peces, batracios, reptiles y mamíferos acuáticos, roedores como el Chigüiro o piro-piro e invertebrados, que proveen utilidad a los seres humanos: mascotas, pieles para el abrigo, alimentos, actividades deportivas, etc. Igualmente, el bosque como sirve de refugio a la fauna silvestre, es el sitio ideal para la caza deportiva o de especies cinegéticas; además como mantiene y conserva el régimen del caudal de los ríos, quebradas y caños, aumenta y/o mantiene el potencial pesquero, como gran fuente proteica para la población de la región Zuliana, de Venezuela y del mundo.

5.2.2.3.- Ganadería: En las unidades de producción de carne y leche, los árboles son elementos necesarios, ya que producen sombra y a la vez algunas especies suministran forrajes al ganado (véase **cuadro 5.9**). Ejemplo: el Samán o Lara, considerado el árbol más utilizado en los potreros de la subregión Perijá, por su vasto follaje para producir sombra, mientras que el fruto sirve en la época de sequia como forraje para el ganado; asimismo, por pertenecer a la familia leguminosa, tiene la virtud de atrapar el nitrógeno atmosférico a través de los nódulos formados por las bacterias en el cuello de la raíz, y fijarlo al suelo, cuyo nutriente vegetal es útil para las gramíneas (pastos), con quienes constituyen la modalidad natural silvo-pastoril de los Sistemas Agroforestales.

Cuadro 5.9: Productos Forestales No Maderables: Forrajes

NOMBRE COMÚN	NOMBRE CIENTIFICO
Mata ratón (todo el vegetal)	Gliricidia sepium
Jobo	Spondias mombin
Samán	Albizia/Samanea saman
Cují yaque	Prosopis juliflora
Guácimo	Guazuma ulmifolia
Caro-caro	Enterolobium cyclocarpum
Guamo	Inga spp.
Cañafístula	Cassia fistula
Yacure	Pithecellobium dulce
Leucaena (todo el vegetal)	Leucaena leucocephala
Algarrobo	Hymenaea courbaril
Samán margariteño	Albizia lebbeck
Nim (especie introducida)	Azadirachta indica
Casia de Siam	Cassia siamea
Espinillo	Parkinsonia aculeata
Cují Negro	Acacia macrantha
Charo amarillo	Brosimun alicastrum
Cínaro	Psidium caudatum
Acacia	Cassia grandis
Tamarindo	Tamarindos indica
Urero macho	Pithecellobium sp
Dividivi	Caesalpinia coriaria
Bambú	Bambusa sp.
Cambur	Musa spp.
Tuna	Opuntia Picús-indica

Fuente: FAO. Estado de la Información Forestal en Venezuela. 2002

5.2.2.4.- Construcción de Casas y Fabrica de Enseres: Desde tiempos remotos los árboles han provisto a la humanidad de madera para construir sus domicilios o casas, así como bienes domésticos y otros objetos complementarios en el hogar; de la misma forma adornos y otros elementos que son vitales en oficinas e instituciones educativas (escritorios, mesas y pupitres). De esta manera, el bosque beneficia al ser humano desde la fase del encofrado y andamios, hasta viviendas construidas totalmente de madera (véase fotografías 5.6 y 5.7).

Foto 5.6: Modelo de vivienda construida de madera, ofertada por el Laboratorio Nacional de Productos Forestales (LABONAC), Facultad de Ciencias Forestales-Ambientales, ULA. Mérida – Venezuela) y **Foto 5.7:** Modelo de vivienda construida de Guadua en Colombia, que pudiera ser edificada en Venezuela.

Según bibliografía consultada complementada por observaciones de campo por el autor del manuscrito, las especies de Guadua (Guadua anguatifolia) o Bambú se sitúan en Venezuela desde las zonas bajas o llanas hasta las montañas andinas, utilizadas comúnmente para el control de cárcavas y para la prevención o minimización de la erosión causada por cauces de ríos y caños, siendo los géneros *Elytrostachys*/Guadua *las* más abundantes en tierras bajas o llanas, mientras que *Neurolepis* y *Chusquea* son más frecuentes en ambientes montanos

Asimismo, a través de machihembrado fabricado con las especies de Samán o Laro, Cedro, Pardillo, Cipreses, Teca, Curarire, Algarrobo y Carreto, entre otras especies, se elaboran paredes y techos; a la par de la fabricación de muebles de caoba, cedro, canalete, pardillo y Apamate, etc.; del mismo modo puertas de madera de Saquisaqui o ceiba roja, cedro, caoba y pardillo, entre otras especies, o de Contraenchapado (o entamboradas), con maderas blandas y semi-blandas: Majumba, Ceibote o Ceiba yuca, Cacahuito, Mijao, Jabilla (fabrican cajones prensa queso); al igual que las ventanas, closets y gabinetes de las casas, también se construyen pisos de chapas de pino, teca, melina, guáimaro, Curarire y parquet de bagazo de caña de azúcar, pardillo, algarrobo y de Curarire, entre otras especies, así como la fabricación de la gran mayoría de los enseres que conforman la cocina en el hogar (especie de Penda, en particular).

5.2.2.5.- Turismo: Por la belleza escénica, calma y gracia que el ecosistema bosque le brinda al paisaje en conjunto, se ofrece como escenario de atractivo turístico a visitantes lugareños y foráneos. En Venezuela, existen grandes masas boscosas, protegidas bajo las figuras jurídicas conservacionistas de Áreas Bajo Régimen de Administración Especial (ABRAE), las cuales sirven de atractivos turísticos a los amantes de la madre naturaleza en busca de recreación y esparcimiento e investigaciones.

Entre las ABRAE's de atractivos turísticos tenemos:

• Parques Nacionales: Perijá (Edo Zulia), Sierra Nevada (Edo Mérida), Páramo de La Culata (Edo Mérida, El Ávila (Distrito Federal), Guatopo (Edo Miranda), Henry Pittier (Edo Aragua), Morrocoy (Edo Falcón), Mochima (estados Sucre y Anzoátegui), Canaima (Edo Bolívar), Tama (Edo Táchira).

• Monumentos Naturales: Chorrera Las González (Edo Mérida), Laguna de Urao (Edo Mérida), Tetas de María Guevara (estado Nueva Esparta), Salto Ángel (estado Bolívar), Cueva del Guácharo (estado Monagas).

• Reservas Forestales: Ticoporo y Caparo (Edo Barinas), Imataca (estado Bolívar).

• Lotes Boscosos: San Pedro, Lora-Aricuaiza.

• Reservas Hidráulicas y Zonas Protectoras: Burro Negro (Edo Zulia),

• entre otras, los Parques de Recreación o de Usos Intensivo *Ramón Valbuena* (Villa del Rosario en la subregión Perijá); paisajes que pueden ser usados para el avance de la actividad del Ecoturismo, máxime si se ofrece comodidad al turista.

5.2.2.6.- Transporte: Los árboles proveen la madera para fabricar los barcos y otras embarcaciones que navegan por océanos, mares y ríos como el Orinoco, así como los pilotes o durmientes de los ferrocarriles y trenes, conjuntamente de atracaderos de las embarcaciones marítimas. Las maderas frecuentemente utilizadas por su durabilidad y resistencia al ataque de patógenos e inclemencia del clima, son las pertenecientes a las especies de Vera, Zapatero, Penda, Curarire, Cañahuato, u otras de naturaleza dura.

5.3.- VALORES Y BENEFICIOS RECREATIVOS:
Los bosques constituyen una fuente renovable de recursos naturales. Su administración y manejo, previa ordenación de sus componentes y la reglamentación de uso de las actividades a desempeñar en su ámbito geográfico (las permitidas, las restringidas y las prohibidas), realizadas con elevada sapiencia por especialistas en la materia, aseguran un abastecimiento sustentable de productos forestales primarios y secundarios.

De la misma manera desempeña un papel importante en el control de la calidad de las aguas, la garantía del refugio y la alimentación de la vida salvaje, así como la protección de suelos y las aguas, lo que promueve paisajes favorables como centros de recreación activa y pasiva, ya que son ambientes ideales para el descanso, la práctica de ejercicios físicos (paseos, caminatas, excursionismo, aerobics, y la exploración); entre otros valores y beneficios recreativos, al solaz esparcimiento de salud mental, produciendo de esta manera placer y bienestar a la humanidad vecina y visitantes foráneos.

Ejemplo de Áreas Recreativas a nivel nacional:
- ✓ Parque Nacional El Ávila (acceso por Litoral Central/Macuto y retorno por Caracas),
- ✓ Vereda del Lago de Maracaibo estado Zulia,

✓ La Mucuy en el Parque Nacional Sierra Nevada,
✓ Área de Recreación Yoama en el ámbito del Monumento Natural "Laguna de Urao" (Lagunillas de Mérida), constituida por unos 35 kioscos parrilleros en medio del bosque. (Véase fotografía a continuación).

Fotografía 5.3: tomada por el autor del libro (2002) desde la parte Sur o Cerro San Benito, que muestra gran parte del espejo de agua de la Laguna de Urao. Del mismo modo, se observa en closeup la composición florística típica xerofítica de la zona: Cujíes, sisal, guasábara, cardones, entre otras especies arbustivas, sufrútices o herbazales de la zona; también al fondo se observa un bosque exuberante (parte Noreste del Monumento Natural Laguna de Urao), en donde se encuentran los kioscos parrilleros.

5.4.- VALORES CIENTÍFICOS:

Los bosques son laboratorios naturales o vitrinas ecológicas a campo abierto, ideales para realizar estudios e investigaciones. A continuación, se presentan algunos ejemplos prácticos y afines con las experiencias profesionales del autor del libro y normativa legal que son alusivos a los valores científicos de los bosques naturales o culturales:

5.4.1.- Alcance y Metodología utilizada para la Caracterización y/o Estudio Base de la Vegetación:

El procedimiento avanzado por el personal técnico especializado en Silvicultura de una consultora ambiental o cualquier otro equipo de trabajo previamente constituido, para la realización de un estudio base de vegetación, tiene el siguiente alcance con la habitual metodología utilizada para estos casos, presentada a continuación:

a) Revisión de las referencias bibliográficas, hemerográfica, mimiográfica, cartográficas y satelitales existentes en el ámbito geográfico donde está ubicado el bosque natural o el patrimonio forestal a estudiar.

Las formaciones vegetales existentes en el área de influencia de un proyecto, comúnmente son fijadas y descritas mediante muestra representativa del levantamiento fisonómico estructural de la vegetación existente, formalizada de conformidad a los métodos sugeridos por expertos y académicos en materia Silvicultural (entre otros): Vincent, L. (1970), Lamprecht, H. (1972), Vellón, J. B. (1997) y Finol, Hernán (1976 y 1980) en sus manuscritos y en las aulas de clase; e instituciones versadas en el campo de la silvicultura, entre ellas el antiguo Instituto de Silvicultura de la Facultad de Ciencias Forestales-Ambientales de la Universidad de los Andes (ULA), innovado mediante una reestructuración en Instituto de Investigación para el Desarrollo Forestal (**INDEFOR**), adscrito a la Unión Internacional de los Institutos de Investigación Forestal.

Dicha metodología es sugerida para ser aplicada en los climas tropicales, por lo cual es convalidada por el Ministerio del Poder Popular para el Ambiente (MINAMB, en la actualidad MINEC), aplicándose métodos como el de "Rectángulo de Cobertura", con la transepto lineal para el *levantamiento estructural o perfil gráfico* de la Fito diversidad existente, en muestras de 100mx20m, 100mx10m o hasta 60mx10m, para identificar el comportamiento de la composición florística de las unidades vegetales presentes, en particular de las especies existentes en el área de estudio florístico; mientras que los *levantamientos numéricos* utilizan parcelas de 200 m x 20 m o hasta de 100 m x 20 m; cuyo método no es recomendable utilizarlo cuando existe elevado grado de intervención del patrimonio forestal en el polígono de estudio.

b) Reconocimiento de campo con el objeto de verificar la estructura, composición florística y estado actual de la cobertura vegetal, así como uso de la tierra de la unidad de producción donde existe el patrimonio forestal a estudiar (uso agropecuario y el potencial por lo general es agrícola con cultivo perenne de la Palma Aceitera, p/e).

Sin embargo, el procedimiento utilizado debe ser el adecuado para cada estudio de vegetación en particular, considerado por los especialistas forestales responsables del mismo, que incluye las etapas descritas a continuación:

i. Fase preparatoria

■ Conformación del equipo técnico multidisciplinario, integrado por Ings. Forestales y Biólogos / Botánicos, para realizar los trabajos de campo y de gabinete.

■ Apoyo interinstitucional al Equipo de Trabajo responsable del estudio base, obtenida con las siguientes entidades públicas y privadas:

✓ Empresa Privada encargada de la formulación, evaluación y ejecución del proyecto (por lo general una Consultora Ambiental), patrocinante del estudio base con apoyo financiero y logístico en la documentación técnica entregada (descripción del proyecto y planos del sitio seleccionado para el proyecto).

✓ Propietario de la Unidad de Producción Agrícola o en su defecto del Patrimonio Forestal donde se realiza el estudio base de vegetación, para expandir la producción agropecuaria o para elaborarse un Plan de Manejo Forestal, u otros potenciales usos.

✓ Entidades Públicas por donde se tramitarán las permisiones operacionales que son requeridas para el desarrollo del proyecto.

✓ Comunidad organizada donde se ubica el patrimonio forestal objeto de estudio.

▪ Selección y recopilación de la información preexistente del lugar, la cual consiste en la compilación de la información bibliográfica, hemerográfica y mimeográficos, que pudiera ser útil en el estudio base de la vegetación del área en referencia.

▪ Análisis cartográfico preliminar del área del estudio, fotointerpretación de los orto fotoplanos e imágenes y fotografías aéreas de la franja en estudio; imágenes de radar o satélites y El Mapa Preliminar de Vegetación ya elaborado para el área a estudiar.

▪ Delimitación a través del programa Google Earth de las zonas protectoras (ZP) de las micros - Sub y cuencas existentes en las inmediaciones del área de estudio (ríos, caños y quebradas), que se corresponden con la unidad de Bosque de Galería.

▪ Ubicación mediante el referido programa, de las unidades de vegetación que existen en el área de influencia delimitada para el proyecto propuesto (mapa preliminar).

ii. Fase de levantamiento de campo

▪ Apoyo de baquianos y de obreros domiciliados en el ámbito donde se ejecutará el proyecto, para realizar la apertura de las picas hasta los arboles seleccionados en el Inventario Forestal (p/e) y para efectuar las mediciones de los mismos.

▪ Suministro de herramientas, equipos, insumos y materiales requeridos en el campo: GPS (Sistema de Posicionamiento Global) del tipo navegador, cinta métrica de 5 m, machetes, agua potable, bestias, vehículo rustico, bestias (de requerirse), entre otros.

- Elección de parcelas bajo criterios ecológicos del equipo de trabajo y levantamiento según muestra representativa de la estructura del perfil horizontal y vertical de la Fito diversidad del lugar, incluida el área de mayores cantidades de especies arbóreas, mediante cabalgaduras u otros medios utilizados para el recorrido de la franja del trayecto evaluado (drones, p/e), incluyendo las unidades vegetales observadas.
- Cotejo en el plano elaborado (según observaciones directas), de la delimitación de las unidades de vegetación y otros parámetros útiles para el presente estudio.
- Ejecución de las actividades mencionadas a continuación:

✓ Delimitación del polígono en estudio mediante GPS navegador.

✓ Ubicación y descripción de las unidades de vegetación existentes, así como la tipificación de su composición florística.

✓ Identificaciones generales de las especies observadas en el área de estudio, entre ellas las endémicas, las comerciales, las amenazadas o en peligro de extinción, según el Libro Rojo de la Flora Venezolana, basada en los criterios de la Unión Internacional para la Conservación de la Naturaleza y de los Recursos Naturales (UICN), creada en Francia en 1.948 con sede actual en Suiza.

✓ Ejecución del Levantamiento del Perfil Horizontal y Vertical de la flora existente, así con de su perfil gráfico (véase Figuras 5.4.1 en adelante).

✓ Práctica del Inventario Forestal de todos aquellos árboles propios de especies de elevado valor comercial ubicados dentro de la poligonal de estudio, con dimensiones aprovechables por las industrias forestales, por haber alcanzado su turno fisiológico y si han sido seleccionados para la tumba, a los cuales se les tomara los siguientes datos:

➢ Nombre común y científico de cada individuo por especie.
➢ Numeración progresiva de los árboles inventariados por especies, utilizando pintura de color rojo esmalte, para diferenciar del resto de árboles que quedaran en pie.
➢ Altura comercial o de fuste, medida hasta la primera rama más gruesa o defecto visible que impida su aprovechamiento.
➢ Diámetro o circunferencia a altura de Pecho=1,30 m (DAP o CAP = 1,30 m).
➢ Calidad del Fuste (A: recto y > 3,5 m de longitud, según las exigencias de la industria del aserrío y del contraenchape. B: ramificado y C: torcido y < de 3,5 m).

Los valores del inventario forestal son obtenidos del calculó de volumen, utilizando para ello la fórmula del extinto MAC (Ministerio de Agricultura y Cría):

$$V = 0{,}605 \times D^2 \times AC.$$

Dónde:
V = Volumen (m^3).
$0{,}605$ = Constante que depende del factor mórfico usado para compensar la disminución progresiva del fuste del árbol en forma de cono, simulando con este factor a un perfecto cilindro.
$D\ (\emptyset)$ = Diámetro a la altura de pecho (DAP) = CAP/π y $\pi = 3{,}1415\ldots\ldots$ o $3{,}1416$
AC = Altura comercial del fuste (m).

iii. Fase de oficina

• Evaluar y analizar la información recabada mediante reuniones y talleres realizados con el equipo de trabajo, con corduras de resiliencia organizacional para esclarecimiento y tomas de decisiones en conjunto.
• Identificar los potenciales impactos ambientales adversos o que pudiera afectar de forma negativa a la flora por el desarrollo del proyecto y proponer las medidas de control

ambiental de carácter preventivas, mitigantes, compensatorias y correctivas o que sean asertivas en la restauración ecológica o en su defecto para el saneamiento ambiental.
- Elaborar el mapa actual de vegetación resultante del estudio base de vegetación.
- Formular el Informe Técnico Forestal Final, que incluye entre sus alcances el proceso e interpretación de los resultados y los análisis obtenidos del inventario forestal y del levantamiento de las parcelas.

5.4.2.- Levantamiento Estructural y Diagramas de Perfil Grafico

En los estudios ecológicos, el diseño de muestreo es la parte que quizás requiere mayor diligencia, ya que mismo determina el éxito potencial de un estudio de línea base de vegetación, y de éste depende el tipo de análisis e interpretación a realizarse. Para que un muestreo sea lo suficientemente representativo y prácticamente confiable, debe estar bien diseñado. Esto quiere decir que la muestra a tomarse debe considerar la mayor variabilidad existente en toda una población estadística. Existen algunos tipos de muestreo que son muy sencillos o simples de utilizar:

> **Muestreo aleatorio simple**

Es el esquema de muestreo más sencillo de todos y de aplicación más general. Este tipo de muestreo se emplea en aquellos casos en que se dispone de poca información previa acerca de las características de la población a medirse. Por ejemplo, si se quiere conocer la abundancia promedio del Samán *Albizzia saman* (por su abundancia en los potreros arbolados de la mayoría de las haciendas en Venezuela) en la sub-unidad de vegetación de Pastizal Arbolado (Pz-A), una información simple sería un croquis con la superficie de esta sub-unidad en todo el polígono del proyecto. Previa a la entrada a la sub-unidad, se debe cuadricular el croquis o mapa de vegetación y, del total de estos cuadros realizados, se debe seleccionar, aleatoriamente, un determinado número de cuadros que serán muestreados.

El segundo ejemplo que se puede dar es el siguiente: suponiendo que en la sub-unidad de Pz-A, que es un área de XX,xx ha, se conoce que a través de una senda de 2 km existen 20 árboles de Samán y se quiere determinar cuál es el número promedio de frutos producidos por árbol. Para emplear este tipo de muestreo de los 20 árboles, se deben elegir al azar un determinado número de árboles (por ejemplo 4 árboles o 8 árboles), en los que se medirán la producción de frutos. El número de árboles se determina dependiendo de la variación en la producción de frutos para alimentar a la población de ganado bobino o vacuno, que se encuentra en la unidad de producción agropecuaria bajo estudio.

➢ Muestreo aleatorio estratificado

En este tipo de muestreo la población en estudio se separa en subgrupos o estratos que tienen cierta homogeneidad. Después de la separación, dentro de cada subgrupo se debe hacer un muestreo aleatorio simple. El requisito principal para aplicar este método de muestreo, es el conocimiento previo de la información que permite subdividir a la población (Inventario Forestal, por ej.). Continuando con los mismos ejemplos de muestreo aleatorio simple, en el primer caso, el Pz-A puede llegar a tener hasta 3 tipos de estratos de la especie Samán: Dosel superior de 20-17 m de altura, estrato medio de 8-16 m y estrato inferior de 2,5-7 m de altura (la mayoría son de Rn en crecimiento).

Eso quiere decir que no todo el Pz-A es homogéneo en cuanto a la estratificación de la especie estudiada. Como se conoce el tipo de bosque seco tropical (Bs-T) y la estratificación de la especie Samán dentro del Pz-A, obtenido mediante el inventario forestal, se podría aplicar el muestreo aleatorio estratificado, donde los estratos serían los tipos de cobertura horizontal de la especie en estudio.

➢ **Muestreo sistemático**

Consiste en ubicar las muestras o unidades muéstrales en un patrón regular en todo el polígono de estudio. Este tipo de muestreo permite detectar variaciones espaciales en la comunidad vegetal de Pz-A. Sin embargo, no se puede tener una estimación exacta de la precisión de la media de la variable considerada. El muestreo sistemático puede realizarse a partir de un punto determinado al azar, del cual se establece una cierta medida para medir los subsiguientes puntos. Este tipo de muestreo, a diferencia del muestreo aleatorio, se puede planificar en el mismo lugar donde se realizará el estudio y la aplicación del diseño es más rápida.

➢ **Transeptos**

El método de los transeptos es ampliamente utilizado por la rapidez con que se mide y por la mayor heterogeneidad con que se muestrea la vegetación. Un transepto es un rectángulo situado en un lugar para medir ciertos parámetros de un determinado tipo de vegetación. El tamaño de los transeptos puede ser variable y depende del grupo de plantas a medirse.

Por ejemplo, los especialistas en Silvicultura (TSU e Ing. forestales, u otros técnicos), para estudiar una determinada área forestal, generalmente utilizan transeptos de 20x100 m, 10x100 m o hasta 10mx60m, ya que sólo se necesita muestrear algunas especies forestales de interés y con categorías de DAP >10 cm. En los transeptos, usualmente se miden los siguientes parámetros:
- Altura de la planta,
- DAP,

- Abundancia, y
- Frecuencia.

Es decir, el *Levantamiento Estructural o Diagramas de Perfil Grafico*, es la forma proporcional de la sección de vegetación arbórea/arbustiva representada a escala, que evidencia sus rasgos fisonómicos tal como se presentan en su propio medio natural, cuya actividad también incluye especies forestales que no fueron inventariadas, por su escaso valor comercial para las industrias forestales mecánicas o básicas de la madera.

5.4.2.1.- Metodología Utilizada

La metodología para este estudio, es sugerida por los especialistas forestales antes referidos (1970, 1972, 1997, 1976-1980), para ser aplicada en los climas tropicales, por lo cual es revalidada por el MINAMB (hoy día MINEC), aplicándose el método de "Rectángulo de Cobertura", con el transepto lineal para el levantamiento del perfil gráfico de la fito-diversidad existente.

El procedimiento consiste en analizar la composición florística y estructural de una masa forestal, a través del estudio fitosociológico de la vegetación existente, cuyo método fijará el estado sanitario en que se encuentran los individuos situados en los diferentes estratos del bosque: superior, medio e inferior, el cual identificara el comportamiento de la composición florística de las especies existentes en la unidad de Pz-A (para continuar con el mismo ejemplo), que es la sub-unidad donde mayor patrimonio forestal existe representado por árboles.

En la mayoría de los estudios de línea base de vegetación, se levantan dos parcelas de muestreo representativo (véase figuras 5.4.1 y 5.4.2), dispuestas de manera estratégica según se evidencia en las figuras para la comunidad de Pastizal Arbolado (Pz-A), localizadas en el área de influencia directa del proyecto que se está promoviendo, para lo cual se elige un transepto de 20x100 m, equivalente a un área de 2.000 m², siendo dividida dicha extensión en 4 sub-parcelas de 20 m de ancho x 25 m de largo, correspondiente a un área para cada una de 500 m² **(Figura 5.4.1),** a fin de facilitar el trabajo de campo, entre otros la distribución de las especies en las parcelas.

Figura 5.4.1: Levantamiento Estructural o Diagrama de Perfil Grafico de la Parcela 1 (N: XXX.XXX y E: XXX.XXX)

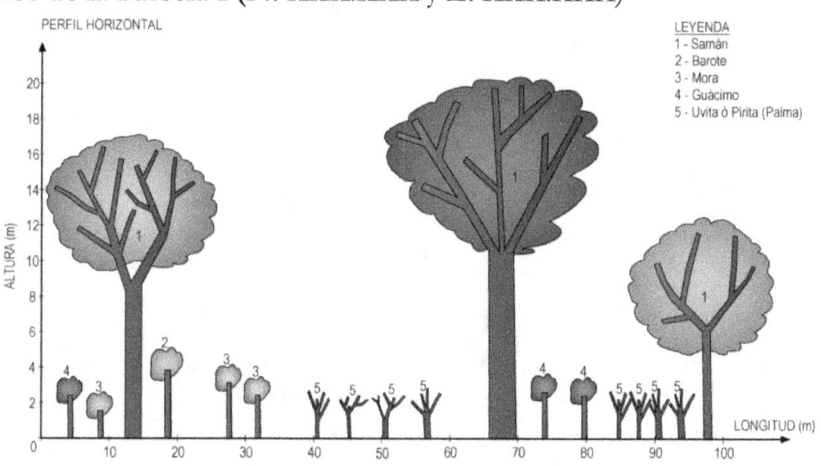

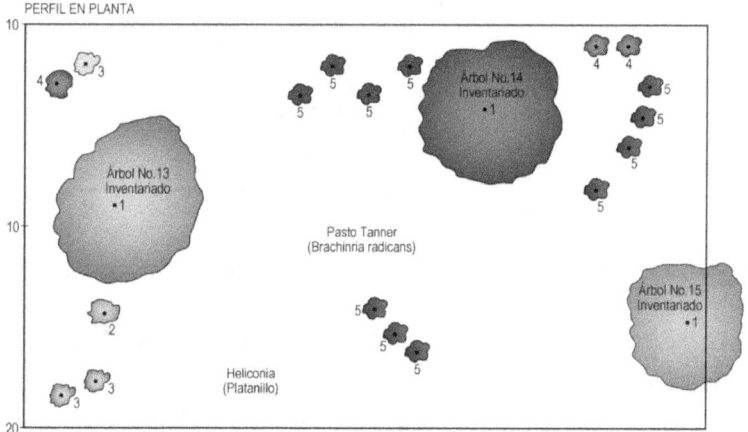

Fuente: Elaboración propia, basada en los trabajos de campo. Septiembre de 2022.

Figura 5.4.2: Levantamiento Estructural o Diagramas de Perfil Grafico de la Parcela 2 (N: XXX.XXX y E: XXX.XXX)

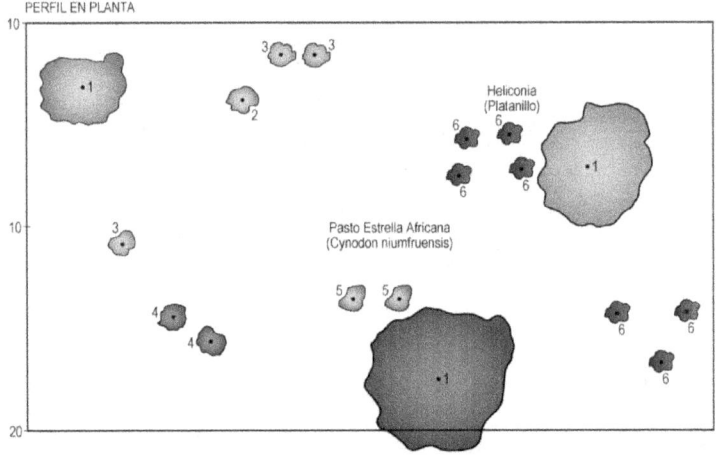

Fuente: Elaboración propia, basada en los trabajos de campo. Septiembre de 2022.

En consecuencia, el *levantamiento estructural gráfico*, es un procedimiento usado para analizar la composición florística y estructura de la masa arbórea, el cual consiste en tomar directamente en el campo, la información a todos aquellos árboles con Diámetro a la Altura de Pecho, mayor o igual a 10 cm (DAP ≥ 10 cm), a quienes se le toman los datos referidos, propios a la situación en que se encuentra cada individuo dentro de la comunidad vegetal en particular. Por ejemplo, en ambas parcelas levantadas la especie no comercial forestal más abundante es la pirita o uvita, que es un tipo de palma con frutos comestibles similares a la uva; mientras que las especies forestales de valor comercial con mayor predominio en la parcela 1 es el Samán y en la parcela 2 es el Masaguaro, como se detalla en las figuras 5.4.1 y 5.4.2.

Figura 5.4.3 Dimensiones de la parcela de muestreo representativa

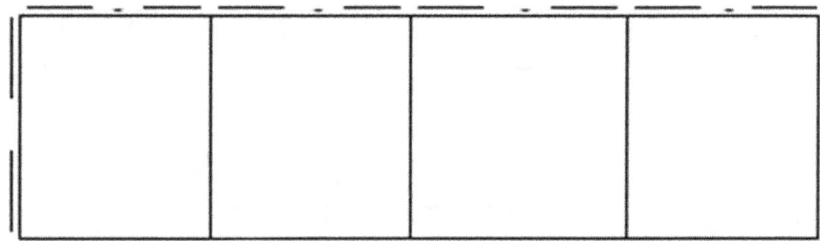

Fuente: Elaboración propia, basada en las referencias bibliográficas consultadas. Septiembre de 2022

En cada parcela, se recopila la información de los taxones que caracterizan a la masa vegetal a través de la estructura horizontal y vertical:

➢ Nombre vulgar, vernáculo o común (también su nombre científico)
➢ Calidad de fuste (buena (recto > 3,5 m), regular y mala)
➢ Vitalidad de copa (buena, regular y mala)
➢ Altura de fuste y total del dosel (Hf y Ht)
➢ Diámetro a la altura de pecho (DAP= CAP/3,1416)
➢ Posición sociológica (superior, medio e inferior).

5.4.2.2.- Estudio Fitosociológico

Del levantamiento estructural de las parcelas (**P1 y P2**) o del diagrama del perfil gráfico, así como del Inventario Forestal efectuado en la parte del polígono que será ocupado por el proyecto propuesto (caso real de campo), se deduce los siguientes resultados:

i. Estructura Horizontal

Hace referencia a la distribución como se ha ordenado la composición florística dentro del bosque secundario (común en casi todos los bosques en el país), relacionando la posición de la trayectoria paralela de la altura del dosel con respecto al eje de la línea del suelo. La variable permite evaluar los siguientes parámetros:

> **Coeficiente de Mezcla**

En la **Tabla 5.4.2** se deduce este parámetro para la unidad de vegetación de Pastizales arbolados (Pz-A), obtenida a través del Inventario Forestal (p/e, simbólico), por ser la unidad de vegetación que mayor cantidad de árboles presenta dentro del área de influencia directa del proyecto (AIDP), localizada hacia el centro del polígono.

Tabla 5.4.2: Coeficiente de Mezcla

Levantamiento	No. de Especies	No. de Individuos	CM
Inventario Forestal	4	34	1/8

Fuente: Elaboración propia, basada en el Inventario Forestal realizado en el área de influencia directa del proyecto (imaginario, p/e: construcción de un aeropuerto en el Edo Apure). Agosto de 2022.

El coeficiente de mezcla como indicador de la diversidad florística, manifiesta la heterogeneidad entre las especies que conforman la Unidad de Vegetación de Pastizal Arbolado en las modalidades de algunas veces densa y mayormente rala con árboles dispersos, en cuya unidad prevalece una moderada heterogeneidad e intermedia fito-diversidad, concentrándose en unos ocho (8) individuos de valor comercial por especie en el área considerada para el Inventario Forestal (ejemplo supuesto de campo).

> **Frecuencia (FR)**

La uniformidad entre las especies se caracteriza por la distribución regular que estas presentan dentro del patrimonio forestal, siendo las especies que muestran los mayores valores de Frecuencia dentro de la poligonal de estudio donde se realizó el inventario forestal: Samán en la parcela 1 y el Masaguaro en la P2; no obstante, dado la frondosidad del Roble por haber alcanzado la mayoría de los individuos la madurez fisiológica, frente a la mayoría de árboles jóvenes de las restantes especies, supera la cantidad de m^3 de madera potencial (p/e), según el número de árboles inventariados.

> **Abundancia (AB)**

Las especies más abundantes según el Inventario Forestal, son: el Samán con 20 individuos, Masaguaro con 8 individuos, Roble con 4 y Charo con 7 individuos. Del mismo modo se visualizó en los recorridos de campo, que las especies más abundantes de las especies de valor comercial son la Mora y Cañafístula, solo que aún no poseen dimensiones favorables para las distintas industrias forestales.

> **Dominancia (D)**

La especie de mayor Dominancia Absoluta expresada en área basal (m^2), es el Samán, aun cuando algunos individuos no han alcanzado la madurez fisiológica, dado por la amplia copa proyectada horizontalmente sobre la superficie del suelo, estimada en promedio de 20-25 m de diámetro de cobertura, consiguiendo en la región llanera hasta 50 m de cubierta cuando adultas y en la subregión Perijá > de 55 m), si las circunstancias de espacios se lo permiten para desarrollar la cobertura de copa; seguido de la especie de Masaguaro que tiene similitud con el árbol de Samán en apariencia visual a distancia; quizás por este motivo es el nombre que tiene su género.

ii. Estructura Vertical

Es la forma escalonada como se han establecido los árboles que conforman el patrimonio forestal, en relación a la posición perpendicular de su estructura horizontal, analizada mediante los siguientes parámetros:

> **Posición sociológica**

Según los resultados del inventario forestal, realizado en la unidad de Pastizal Arbolado (Pz-A), se presenta la siguiente distribución total de su posición social vertical: en el estrato superior o dosel las especies de Roble con 22 m de altura total y 8 m de altura comercial presentada en el árbol No. 1; mientras que las especies de Masaguaro y Samán, presentaron 20 m de altura total y unos 10 m de altura comercial para los árboles Nos. 10 y 14 respectivamente; agrupándose la mayor cantidad de individuos de las especies arbóreas inventariadas en los estratos medios (entre 6 y 15 m de altura), quizás porque aún están jóvenes en proceso de crecimiento, y en el estrato inferior se observa mayormente el sotobosque.

Es decir, la poligonal de estudio presenta una vegetación secundaria y la mayoría de sus individuos no se han desarrollado en su totalidad o no han alcanzado la madurez fisiológica, influenciada la proporción de la distribución de las especies, sobre todo por las características bioclimáticas y edafológicas que ofrece el lugar (inundado), así como por las intervenciones antropogénicas para varios fines: agropecuarios y de manera selectiva para entresacar arboles maderables usados para elaborar estantillos y varetas.

> **Regeneración natural (Rn)**

De las observaciones directas en los recorridos de campo se obtuvo la siguiente sinopsis: tomando en cuenta las categorías de tamaño de la Rn desde Brinzales (< 1,5 m de altura), pasando por Latizales ($\geq$ 1,5 m y DAP < 5 cm) hasta Fustales (DAP > 5 cm), la mayor cantidad de individuos de porte arbóreos se presentan en las especies de Guácimo y Mora (especies pioneras de la zona), en todas las modalidades de Pastizales (limpios, semi-arbolados y arbolados), identificándose cuantías de rebrotes y juveniles en toda la poligonal de estudio; seguido de la especie Samán, quizás inducido el rebrote o la Rn de esta última especie, por la deposición de los excrementos del ganado con sus semillas, por tener su fruto condiciones forrajeras, formándose la bosta o heces como un pequeño almacigo, que aportará quizás un árbol adulto si las circunstancias o condiciones bioclimáticas y edáficas, principalmente, lo permiten.

➢ **Índice de valor de importancia ampliado (IVIA)**
Según observaciones de campo por el polígono del proyecto investigado, la especie forestal comercial que presenta mayor importancia ecológica es el Samán; cuyo fruto es de gran utilidad para la alimentación complementaria de la población del ganado vacuno, siendo también apetecible por otro tipo de ganado (Caballar, p/e), además de ser una especie recuperadora de suelos degradados por pertenecer a la gran familia de Leguminosas, siendo su madera del fuste y ramas utilizadas por la industria del aserrío para fabricar estibas o paletas y en la industria de Panforte para elaborar tableros y aglomerados proveniente de los residuos del aprovechamiento; seguido de la especie Masaguaro por su amplia capacidad de rebrote, que se propaga fácilmente por semilla, donde su madera tiene usos en la industria del aserrío y para elaborar estantillos, varetas y carbón vegetal por su alta dureza.

Aunado con el tema de los Valores Científicos del Bosque, desde mediados de los años 1980, en el estado Zulia se comenzó un proceso de extracción de carbón en la Cuenca Carbonífera sobre la cuenca media del rio Guasare, en el sector "Mina Paso Diablo", Parroquia Luís de Vicente, Municipio Mara del estado Zulia, a unos 100 msnm y a unos 120 Km al Noroeste de la ciudad de Maracaibo, extracción con la modalidad de minas a cielo abierto que puede considerarse de gran importancia, más aún si los planes de explotación alcanzan las zonas proyectadas, considerado de alta relevancia.

Dicha actividad minera trajo como consecuencia un desplazamiento de las comunidades vegetales presentes en la zona afectada por la extracción, situación que se ha venido solventado por medio de planes de restauración ecológica, mediante reforestación con especies del bosque nativo y bajo porcentaje de especies introducidas, como Leucaena y el Neem; cuya actividad es promovida por la empresa Carbones del Guasare, C.A., iniciándose en la Escombrera Sur dentro de la Mina Paso Diablo, para lo cual contrato los servicios de la Consultora Ambiental Proyectos Forestales, C.A. (PROFORCA), de la cual el autor del presente libro es accionista.

Después de 14 Años de establecida la plantación, resultando en un bosque joven, con una cualitativa y cuantitativa Dinámica Sucesionales de la vegetación arbórea, la misma fue sometida a investigaciones en esa fecha (finales de década de 1990), en las que se compararon los resultados del joven bosque cultural con los censos poblacionales efectuados en bosques naturales.

Dichos estudios fueron formalizados por la referida empresa, bajo la dirección del Ing. Agrónomo / M.Sc. Alexis Gutiérrez, como Gerente de Seguridad, Higiene y Ambiente (Gte SHA), conjuntamente con la Facultad de Ciencias de La Universidad del Zulia (LUZ), con el desempeño orientador de las gestiones del Dr. Miguel Pietrangeli, de quienes el autor del presente libro ha logrado elevados conocimientos en estos estudios.

Por su parte, la acción minera genera enormes cantidades de material estéril o marginal, con las cuales se conforman las conocidas escombreras, diseñadas para ser acumulado en colinas artificialmente, terrenos infecundos desprovistos de suelo fértil en los que se dificulta los procesos de colonización vegetal; no obstante, también se ha previsto la conformación de escombreras temporales con la recolección previa de la capa vegetal, que luego se distribuye equitativamente encima de las escombreras definitivas, para facilitar repoblarlas con especies arbóreas del bosque nativo preferentemente, con bajo porcentaje de especies exóticas o introducidas (Neem y Leucaena), que aun cuando se usaron en bajo % han colonizado el área por sus atributos de especies invasoras.

Aunado a las investigaciones, se dieron inicio por medio de reconocimiento de campo, en cuya fase se logró separar los diferentes tipos de vegetación presentes en la citada escombrera Sur de la Mina Paso Diablo, las cuales fueron censadas por intermedio de 29 parcelas rectangulares de tamaño adecuado. En bosques naturales se realizaron 5 rodales y en cada uno de ellos se calculó el índice Valor de Importancia (IVI) de las especies arbóreas constituyentes.

El resultado del inventario florístico dio como resultado el reconocimiento de 76 especies diferentes en ambos ambientes, agrupadas en 32 familias y 79 géneros. Las Fabaceae, Mimosaceae, Bignoniaceae y Boraginaceae con 7, 6, 5 y 5 taxa cada una, aportaron 30.3% de las especies conseguidas. 34 de las especies fueron conseguidas tanto en escombrera como en comunidades forestales. Las taxa Leucaena leucocephala, Caesalpinia pulcherrima y Azadirachta indica, especies utilizadas inicialmente por la empresa y Cordia dentata y Guazuma ulmifolia, entre las más importantes colonizadoras del bosque natural, fueron las especies que registraron mayores **IVI**.

Se puede concluir que después de 14 años de transcurrida la plantación, el proceso de restauración ecológica de la Escombrera Sur ha sido exitoso ya que, por acción conjunta de las reforestaciones dirigidas y procesos naturales de regeneración se encuentra estabilizada, por una cobertura vegetal considerable, que está evitando la erosión y favoreciendo la creación del suelo. Además, aunque la composición florística entre la escombrera y los bosques es un *poco diferente*, numerosas son las especies forestales conseguidas en la Escombrera Sur, que son el resultado de la regeneración natural.

Este recambio gradual y progresivo con el tiempo, de especies, fisonomía y estructura comunitaria se denomina "sucesión vegetal", siendo la selección natural la que actúa como una moduladora del genotipo y de las características adquiridas por las plantas, para que se adapten al medio dinámico que promueve la sucesión, y por ende, de las características derivadas de cada comunidad vegetal o etapa serial que se constituye.

Por tal motivo, para comprender el proceso de sucesión vegetal es preciso, conocer los atributos fisiológicos y ecológicos de las especies presente en cada escenario, así como las condiciones abióticas del sitio (pasadas y presentes). Igualmente, resulta importante comprender las interacciones que tienen lugar entre las distintas especies.

Es aquí donde cobra especial importancia el conocimiento de los diferentes tipos de vegetación que se establecen en las escombreras, y en estos, una vez constituidos, prestarle especial atención a la especie o a grupos de especies, que se establecen y dominan una determinada etapa sucesionales. Con la realización de este proyecto de investigación se pretende brindar un aporte en cuanto al conocimiento, desde un punto de vista florístico y fisonómico - estructural de las diferentes comunidades de plantas que se han establecido en la escombrera sur de la Mina Paso Diablo, Guasare, Edo. Zulia, luego de 14 años de haber sido establecida, así como contribuir al conocimiento de la dinámica sucesionales de las comunidades vegetales tempranas que se han establecido en esta escombrera luego del cultivo.

Igualmente, se evalúa, como el plan de restauración ecológica con la reforestación promovida por Carbones de Guasare y ejecutada por PROFORCA, ha contribuido con este proceso de sucesión vegetal natural y se analiza, como ha avanzado el proceso de colonización con el tiempo; contrastando y comparando estos resultados, con los censos poblacionales realizados en estudios previos y con los realizados en comunidades forestales naturales sin perturbar.

Por su parte, La Ley de Bosque (2013) de Venezuela promueve la Investigación a través de los artículos referidos a continuación:

TITULO IV: INVESTIGACIÓN E INFORMACIÓN FORESTAL

Capítulo 1: Investigación

Alcance de la investigación

Artículo 30. La investigación y el desarrollo tecnológico y científico en materia forestal comprenden el estudio, experimentación, levantamiento de información primaria (Estudios de Línea Base e Inventario Forestal con varios fines) y divulgación de conocimientos tanto en materia de uso sustentable, protección del patrimonio forestal, aprovechamiento, transformación y procesamiento de productos y bienes forestales.

Reconocimiento de los saberes tradicionales

Artículo 31. Se reconocen como parte sustantiva de la investigación forestal, los saberes tradicionales y conocimientos de los pueblos y comunidades indígenas (por ej. Etnias presentes en el 2do pulmón de la tierra: el Megaecosistema Sierra de Perijá).

Líneas estratégicas de investigación forestal

Artículo 32. Los órganos y entidades del Ejecutivo Nacional con competencia en materia forestal y los de ciencia y tecnología (MINEC / IFLA: Instituto Forestal Latinoamericano / Fac. de Cs Forestales y Ambientales de la ULA / INDEFOR), dictarán las líneas estratégicas y las pautas para la investigación forestal, en función de las directrices derivadas de la política nacional forestal.

Fomento a la investigación
Artículo 33. El Ejecutivo Nacional, a través de sus órganos y entes competentes, como parte de los programas nacionales de investigación y desarrollo científico y tecnológico, establecerá los incentivos y otras medidas de fomento necesarias para promover la investigación y la divulgación de conocimientos en materia forestal, que respondan a las líneas estratégicas de investigación forestal dictadas por los entes competentes.

Objetivos de la investigación forestal
Artículo 34. Son objetivos de la investigación en materia forestal:

1. Disponer de información actualizada y completa sobre características y condiciones de todos los tipos de bosques y demás componentes del patrimonio forestal.
2. Desarrollar el conocimiento sobre la diversidad de bienes y beneficios forestales, sus propiedades, usos, aplicaciones, mecanismos idóneos para su protección y utilización bajo el enfoque sustentable.
3. Impulsar la aplicación de técnicas y métodos que favorezcan la eficiencia tecnológica, sustentabilidad ambiental y rentabilidad económica en las actividades de explotación, transformación y procesamiento de productos forestales.
4. Contribuir al desarrollo de prácticas de manejo y tratamientos que permitan la erradicación y control de plagas y enfermedades; así como la prevención y control de incendios y otros agentes perjudiciales para el patrimonio forestal.
5. Asegurar la transferencia de conocimientos e información entre órganos y entes públicos, sectores productivos y comunidades locales.
6. Fomentar el intercambio científico-tecnológico y la cooperación técnica en estudios y proyectos, orientados al desarrollo y mejoramiento del sector forestal.

7. Proveer información confiable y actualizada sobre aspectos ecológicos, económicos y técnicos, referidos al establecimiento y manejo de plantaciones forestales y sistemas agroforestales.
8. Apoyar el diseño y ejecución de proyectos comunitarios de aprovechamiento y conservación del patrimonio forestal.
9. Vincular las comunidades al bosque a través de la investigación participativa y el reconocimiento de sus espacios de vida.
10. Identificar y determinar áreas naturales que, por su composición florística e importancia hidrográfica, puedan ser decretadas como áreas bajo régimen de administración especial (ABRAE's).
También la ley promueve la Investigación académica a través del Artículo 35, que establece que las universidades, centros de investigación y demás instituciones vinculadas al desarrollo científico y tecnológico, están obligados a incorporar en los programas y líneas de investigación, estudios y proyectos afines con el conocimiento del bosque, así como la conservación, manejo y uso sustentable del patrimonio forestal del país, atendiendo a las líneas estratégicas de la investigación forestal.

5.5.- VALORES CULTURALES:
Los Valores Culturales del ecosistema bosque no se reducen únicamente a procesos de educación ambiental o perfeccionamiento de conocimientos, habilidades y destrezas dentro del marco de una filosofía alternativa, que separa el ser humano de los bosques y que legitima su valoración únicamente desde una perspectiva económica y avanzada al margen de los valores limitados que tienen los bosques; siendo socio-ecosistemas que pueden ser abordados desde el enfoque de los sistemas adaptativos complejos, donde se recupera la continuidad existente entre el bosque y los seres humanos; dado que son fuen-

te de recursos alimentarios, maderables, combustibles y medicinales, además, sirven como sitios turísticos, de recreación escénica y son también importantes para las actividades socioculturales de sus habitantes.

TÍTULO III: CULTURA DEL BOSQUE Y PARTICIPACIÓN CIUDADANA

Capítulo 1: Disposiciones generales

Propósito

Artículo 17. La cultura del bosque debe contribuir con la conservación y uso sustentable del patrimonio forestal, respetando las costumbres, hábitos y conductas de las comunidades que habitan en zonas boscosas.

Principios

Artículo 18. La cultura del bosque se regirá por los siguientes principios:

1. **Autonomía:** deben asegurarse las condiciones necesarias para que los habitantes del bosque actúen de forma autónoma y responsable.
2. **Igualdad:** los habitantes del bosque, tienen derechos y deberes igualitarios, lo cual implica la conservación de todos los componentes del patrimonio forestal en las mismas condiciones.
3. **Equilibrio:** se reconoce la interdependencia básica existente entre los habitantes del bosque y el valor intrínseco del equilibrio de los ecosistemas (existentes dentro del bosque), como una entidad completa.
4. **Ética:** la conservación de los bosques es éticamente considerada en virtud de su valor intrínseco para el bienestar de la humanidad.
5. **Diversidad:** valorar la existencia de todas las formas de vida y expresiones culturales de las distintas comunidades en las zonas boscosas.

En general, el bosque, los árboles o las plantas en general, son utilizados en ciertas actividades culturales que realizan los seres humanos, entre las que se destacan:

5.5.1.- Manifestaciones Religiosas: El árbol ha servido como símbolo en casi todas las manifestaciones religiosas, desde la más primitiva hasta el cristianismo; es decir, desde los tiempos más antiguos, la humanidad ha utilizado el ecosistema bosque para ciertas manifestaciones culturales. Los ejemplos más notables son:

a) El 1er libro de la Biblia o Génesis, describe los encantos del paraíso terrenal (El Edén"), que servían de escenario para el disfrute cotidiano de Adán y Eva, destacando la presencia del Árbol de la Vida y de las Ciencias del Bien y del Mal.

b) El origen del libro de las Sagradas Escrituras (La Biblia), su material de elaboración proviene de una planta acuática hebrea denominada *Papilos*, de cuyos tallos obtenían pliegues similares a hojas las cuales, al unirse en conjunto, recibían el nombre de Biblios (Edward, 1983). Además, de madera se elaboran algunas imágenes de los Santos, se construyen altares y se fabrican los escaños de las iglesias que sirven de bancos o asientos y para arrodillarse los feligreses, entre otros muebles y objetos de carácter religioso.

5.5.2.- Manifestaciones Artísticas: El mencionado autor (1983), explica que, en la Grecia Antigua, sus dramaturgos, comediantes, historiadores y filósofos, prodigaron abundantes páginas dedicadas a exaltar la exuberancia del bosque, jardines, cumbres y prados que sirvieron de teatro o escenarios para las aventuras de Dioses y Ninfas (hermosas doncellas desnudas o semidesnudas, que aman, cantan y bailan). Hoy día, los bosques, sirven de escenario para filmar películas, tomar fotografías e inspiración o musa para pintores y poetas, para plasmar en el lienzo un bello paisaje adornado de árboles o para crear poesías o prosas, así como canciones preferiblemente románticas.

5.6.- VALORES HISTÓRICOS:
Los bosques están involucrados en fantasías, creencias y fábulas, e incluyen:

5.6.1.- Testimonios: Los viajeros de hoy parten ya bien preparados hacia sus destinos gracias a las películas que observa, fuentes o referencias bibliográficas, hemerográficas, mimiográficas, cartográficas, la internet y sencillamente fotografías existentes, pero para los exploradores del pasado, que nada sabían del bosque ecuatorial, envuelto en la bruma del primitivismo, ese mundo tiene que haber resultado irreal. La atmósfera de su ambiente extraordinario habría de excitar sus imaginaciones y sus temores —tendría que inspirar relatos extrañísimos— acerca de lo que permanecía tenazmente al acecho en los bosques densos y oscuros de la época. Aunado a lo expuesto, la historia relata que los primeros exploradores españoles regresaron de las selvas y ríos inmensos de América del Sur, portando relatos tan fabulosos como las leyendas medievales de la mitología griega (ob. cit., 1983).

Continúa rememorando el mismo autor que durante su viaje maratoniano, aguas abajo del Amazona, en 1540, el explorador Francisco de Orellana adujo haber visto una Tribu de mujeres guerreras poderosas, que le habían traído el recuerdo de las amazonas de la mitología griega, aquellas mujeres belicosas que mataban a todos los niños varones en el momento de nacer. Más adelante, otro explorador, La Condamine, halló piedras verdes en la selva, de las cuales se decía que era la recompensa otorgada por las amazonas a los hombres que les daban hijas hembras. Los relatos acerca de estos marimachos legendarios dieron al río su nombre: Río Amazonas.

Otras narraciones, también curiosas, habían sido ya puestas en circulación por las propias tribus selváticas y se han mantenido de generación en generación. Por ej., muchos indígenas sudamericanos están convencidos de que los espíritus malévolos se ocultan en el bosque y originan problemas como los accidentes y las enfermedades (relatos personales de algunos miembros de las etnias venezolanas).

5.6.2.- Reliquias: Entre los indicios más importantes se pueden mencionar:

- Buda, alcanzó la iluminación bajo el árbol Bodi, un ejemplar de "Ticus indica".
- El Ciprés estuvo consagrado a Plutón; el fresno a Marte; la Vid y la Hiedra a Baco; el Álamo a Hércules; las palmeras a las Musas; etc. (ob. Cit., 1983).

5.7.- BENEFICIOS A LAS INSTITUCIONES MILITARES

5.7.1.- Energía: Los militares también utilizan la leña y el carbón como energía para cocinar sus alimentos, sobre todo en la época de guerra; al igual que para hacer fogatas para producir calor o alumbrarse cuando se hallan en los medios rurales o en el campo.

5.7.2.- Productos Forestales: Al igual que los civiles, utilizan del bosque:

5.7.2.1.- Productos Forestales Primarios: Madera en rola para abastecer la industria mecánica de la madera relacionada con el aserrío, pues en la mayoría de los casos ellos mismos elaboran sus propios muebles y otros utensilios requeridos en sus brigadas, destacamentos, comandos u otras instalaciones.

5.7.2.2.- Productos Forestales Secundarios: Los productos forestales secundarios del bosque divididos en dos (2) grupos básicos: Los que se explotan en estado natural (madrinas, estantillos, residuos vegetales, nueces, frutas, carbón, pajillas, moras) y aquellos cuyas características de crecimiento han hecho viable el cultivo intensivo comercial: Trementina, taninos, aceites de la palma africana, los aceites volátiles, gomas, la quinina; los cuales, todos ellos, también son usados por regimientos militares.

5.7.3.- Campamentos (Camuflaje): Existen tres clases de patrones de camuflaje que permiten reducir las posibilidades de detección:
- Digital: manchas pixeladas o camuflaje bosque;
- Tipo OTAN, es decir con manchas de colores, y
- Monocromático. El color oliva o también conocido como verde militar es similar al color de la vegetación, por lo que puede proveer camuflaje si se lo utiliza en el contexto adecuado.

Según información suministrada en la Cátedra de Sensores Remotos, cursada por el autor del presente trabajo en su pregrado, la utilización del bosque como campamento y/o camuflaje en la II Guerra Mundial, dio origen a las fotografías aéreas en infrarrojos, utilizadas para detectar *vegetación muerta,* con las cuales los soldados tapaban las fosas que construían para resguardarse y esconder sus equipos bélicos.

CONCLUSIONES y RECOMENDACIONES

El autor del presente manuscrito considera que ha cumplido con el propósito primordial por el cual dedico su tiempo a escribirlo (no obstante, bienvenida cualquier sugerencia, quizás para una 2da edición), con las siguientes aclaraciones basadas en los objetivos específicos por los cuales se elaboró el texto, inspirado en el contenido de las cátedras cursadas en la carrera de ingeniería forestal y de los cursos de postgrado alcanzados, complementada con las experiencias profesionales e intercambios de los conocimientos adquiridos en las mesas de saberes donde ha participado (congresos, simposios, foros, cursos, talleres, u otros), con la iluminación de la fuente Divina de Dios Todopoderoso:

1) Divulgar la Gestión Forestal basado en el artículo 7 de la Ley de Bosque (2013) y la cultura del bosque por disposición de los artículos 19 al 24, Ejusdem, que promueve el uso sustentable del bosque, a los fines que permita que sean utilizados también por las generaciones futuras, procurada a la importancia socio-económica y ecológica de los mismos frente a la humanidad, a los animales, el suelo, las aguas, el paisaje, el clima y el aire, entre otros recursos y condiciones naturales, donde la comunidad organizada impulse la iniciativa vinculada con la cooperación a la formación de la cultura de la conservación y el fomento de las formaciones boscosas naturales y culturales con fines productivos y protectores (conservacionistas y fines ornamentales), entre otros fines, los sistemas agroforestales o de uso múltiple del suelo, lo cual también ha permitido la divulgación del avance sustentable que ha brindado el bosque manejado con criterios técnicos-legales-ecológicos, de tal manera que logre satisfacer necesidades de bienes y servicios de las personas, las comunidades y el país Venezuela en general.

En efecto, este trabajo escrito quizás transciende la iniciativa afín con la cooperación a la formación de la cultura de la conservación y fomento de las formaciones boscosas naturales y de plantaciones forestales con varios fines, incluyéndose los sistemas agroforestales, lo cual también ha permitido la divulgación de su manejo sustentable, logrado con la ordenación y la reglamentación de estos ecosistemas.

Se considera que la información facilitada en este libro, puede hacerse llegar al público en general, a las Universidades y otras instituciones educativas públicas o privadas, a través de la publicidad del mismo; conjuntamente, mediante charlas, cursos, talleres, congresos, foros de discusión del tema planteado, eventos celebrados a nivel local, nacional e internacional, que permitan incentivar en todos los niveles de la economía nacional la conservación, mejoramiento y el fomento del patrimonio forestal en terrenos baldíos, ejidos o privados, con el consiguiente de obtener los beneficios y los bienes o valores generados del bosque natural y de plantaciones productivas o protectoras.

La promoción y difusión del uso múltiple e integral que brindan los bosques naturales o culturales, orientados bajo el principio de sustentabilidad con el manejo sabio de sus componentes, garantiza sus permanencias en el tiempo para alcanzar el bienestar de las comunidades presentes y futuras, cuando proveen de bienes y servicios tangibles e intangibles, basados en la valoración integral de sus diversas funciones económicas, sociales, ecológicas, culturales, de servicios cooperativos, recreacionales, religiosas y militares, entre otros valores y beneficios que aportan constantemente los bosques, máxime los estacionados en la franja tropical.

2) Informar de los variados bienes y servicios tangibles e intangibles obtenidos de los bosques nativos o de plantaciones forestales, para los recursos naturales renovables y los seres humanos; a fin de fomentar el mejoramiento de los medios de subsistencia para las personas que dependen de los bosques, los cuales deben ser manejados con criterios de sustentabilidad, según lo establecido en el artículo 52 de la Ley de Bosque.

Es decir, potenciar el mejoramiento de los medios de subsistencia de las personas que viven o dependen de los bosques naturales o culturales, en particular quienes coexisten con ellos, informándoseles acerca de los variados bienes y servicios que obtienen los seres humanos y los restantes recursos naturales renovables de los bosques; aunada con la implementación de políticas afines con el desarrollo de las industrias forestales y otras manufacturas que se abastecen de la materia prima proveniente de los mismos, las cuales deben estar sustentadas en la investigación continua, la información y la divulgación de la utilización integral que brinda el patrimonio forestal local o nacional, manejados con los instrumentos de desempeño de gestión forestal, establecidos en la legislación vigente del país en materia Silvicultural, en coherencia con las disposiciones emanadas de las entidades competentes.

De igual forma, deben estar orientados a la ejecución de acciones que involucre el uso integral del bosque y el acceso a los bienes y servicios generados del mismo, bajo los criterios de bienestar social, sustentabilidad ecológica y rentabilidad económica, los cuales deben estar regulados por los aspectos técnicos de especialistas silviculturales y conforme a las disposiciones establecidas en el marco legal vigente del país.

3) Inducir Políticas de ampliación en el país de las áreas bajo régimen de administración especial (ABRAE's) y guiar el manejo de bosques bajo planes de ordenamiento, para aumentar la disposición del porcentaje de productos forestales derivados de los mismos; dado que los bosques tropicales del mundo han estado registrando elevado porcentaje de pérdidas; estimándose que las deforestaciones remontaron unas 15,4 MM de ha/año, aunque dicho cálculo presenta un margen considerable de incertidumbre (FAO, 1993, para el decenio 1980-1990); en el que gran parte del área deforestada se convierte para la actividad agrícola, al pastoreo o agricultura de carácter migratoria, a las actividades urbanísticas, petroquímicas, mineras e industriales; además de indicar la deforestación, la explotación de vastas áreas de bosques para vialidad, embalses y fines petroleros, entre otras acciones antrópicas.

Aunque la tala reduce la cantidad de carbono almacenada en estas tierras, los bosques volverán a generar y acumular este elemento (generalmente a una tasa superior a la existente antes de la tala), siempre que no hayan sufrido daños graves en el curso de su explotación de los productos forestales, que se mantengan sometidos a una adecuada ordenación y que se les proteja de las fuerzas naturales y humanas que podrían tener efectos adversos para la flora, la fauna, los suelos y las aguas.

Sin embargo, muchos de estos bosques han sido degradados, lo cual afecta a su tasa de secuestro del carbono o a su capacidad de retenerlo. La degradación de los mismos, que tiene como consecuencia una pérdida de carbono del sistema o ecosistema bosque, ya sea desde la vegetación o desde los suelos, obedece a motivos, tales como:

- las malas prácticas de tala, que ocasionan daños a los árboles residuales y al suelo,
- la tala prohibida, en ABRAE's con fines conservacionistas o especies vedadas,
- la excesiva recogida de leña, sobre todo en países pobres,
- el sobre pastoreo, en particular en terrenos irregulares

y con ganado caprino, y
- los incendios forestales.

Es evidente que la influencia humana en los bosques, tiene consecuencias tanto para el papel que éstos juegan actualmente en el ciclo global del carbono, como para la retención del carbono en el futuro (FAO, 1993).

Según la Ley de Bosque (2013) el manejo adecuado y el uso integral de las formaciones boscosas naturales o culturales, establecidos en terrenos del dominio público o privado de la nación, de los estados o de los municipios y en terrenos de propiedad privada de particulares, promovidos o no por los propietarios de las tierras, deben estar sujetos a lo regulado en el marco jurídico vigente venezolano en materia forestal, así como a las disposiciones emanadas del organismo rector en materia de conservación del patrimonio forestal y sustentabilidad del desarrollo de las masas boscosas; quien promueve además la preservación de especies y bosques naturales de especial valor ecológico, así como la prevención y control de ilícitos contra el patrimonio forestal, del mismo modo deben resguardarse el fortalecimiento de la cadena productiva forestal (véase art. 64, Ejusdem, en pp. 15-16 de este libro y comentarios conexos).

Según análisis espacial de Rincón (2011), para obtener la caracterización de la cobertura del bosque para el año 2009, se utilizaron diversas unidades espaciales de análisis como son: las entidades federales, regiones hidrográficas, ABRAE's de conservación (Parques Nacionales y Monumentos Naturales) y ABRAE's de producción forestal (Reservas Forestales y Áreas de Vocación Forestal). De los resultados generales se tiene que desde 1980 hasta el año 2.009 se han deforestado en total 87.044,58 km^2 y para el año 2.009 el área de estudio (Norte del Rio Orinoco-Venezuela), tenía una cobertura del bosque de

95.856,22 km², y para el periodo 2.000 - 2.009 la tasa de deforestación se estimó en 1,40%, lo que indica una leve disminución de dicha tasa.

Continúa el mismo autor comentando que parte de la problemática relacionada con la pérdida del bosque en Venezuela, es debido que en el presente existe un alto grado de incertidumbre en relación a la extensión actual del bosque en Venezuela. El mismo MINAMB reconoce que desde hace 15 años el Estado Venezolano no ha realizado ni publicado estudios sobre el tema de la cobertura del bosque, ni de la deforestación (tomado de Gerencia Forestal, http://www.minamb. gob.ve 5/04/2010). A pesar de ello este ministerio estima que las deforestaciones en el país han disminuido, con base en esta apreciación plantea que las pérdidas de bosques pudieran estar en el orden de 1.400 a 980 km² por año, lo cual representa aproximadamente entre 0,3 a 0,2% de la cobertura boscosa (496,3 km², MINAMB, 2006), pero estos datos son proyecciones con poco sustento, debido a la falta de publicaciones oficiales actualizadas.

Esta situación ha llevado a que otros organismos no gubernamentales, generen datos e informaciones en relación a la cobertura del bosque. Uno de ellos es la FAO que según el estudio más reciente sobre los recursos forestales mundiales (FAO, 2009), estimó para Venezuela en el año 2000 se tenía una cobertura del bosque en unos 491.000 km² y para el 2005 una superficie de aproximadamente 470.700 km² equivalente a un 54,1% del territorio nacional. Pero estos datos según la misma FAO fueron generados a partir de los datos de vegetación de los años 80 y 90 aportados por el MINAMB.

En tal sentido este organismo optó por aplicar regresiones y *Análisis Espacial* de la *Cobertura del Bosque en Venezuela* (1980-2009). Caso de estudio región norte del río

Orinoco. 2011. 10 proyecciones lineales simples para estimar la cobertura de bosque para el año 1990, 2000 y 2005. Ello tan sólo demuestra el alto grado de ignorancia que se tiene desde los años 90 de la real extensión de la cobertura boscosa (ob. cit., 2011).

En el año 2000 el Centro Agronómico Tropical de Investigación y Enseñanza (CATIE), elaboró un informe sobre los cambios de la cobertura boscosa en Venezuela, en ella se entrevistó a un grupo de expertos relacionados con el tema bosque. Estos coincidieron que: "no hay estadísticas confiables ni estudios recientes que reflejen si el problema de la deforestación en el país es un problema en aumento, estabilizado o que ha menguado en los últimos años.

Los esfuerzos que se han realizado para tratar de determinar tasas de deforestación han sido enfocados a regiones del país por diversos autores, utilizando diversas metodologías y períodos de tiempo diferentes, lo que ha generado datos que reflejan diversos períodos en regiones en particular, esto ha provocado que no se tenga un dato a nivel nacional y que este último sea inferido de lo que pueda estar pasando en una región en particular" (ob. cit., 2000).

4) Impulsar proyectos Silviculturales de restauración ecológica con algunas Técnicas de Bioingeniería: Arboricultura, Forestación, Reforestación, Revegetación, Agroforestería y Plantaciones Forestales con propósitos de producción o de protección (conservación y ornamentación), manejados con criterios de sustentabilidad, a los fines de contribuir a la conservación del ecosistema bosque de manera directa e indirecta a la protección del suelo, las aguas, el clima, el paisaje, la fauna silvestre, el aire, u otros como los cultivos.

El Plan de Restauración Ecológica (PRE) hace referencia a la restitución ambiental de áreas que han sido afectadas, lograda mediante la ejecución de las Técnicas de Bioingeniería que permite el uso de las plantas en sus diferentes formas y tipos (hierbas, sufrútices, arbustos y árboles), así como de sus partes reproductivas, complementadas con las Medidas de Ingeniería Ambiental, incluyéndose las obras técnicas estructurales conservacionista (canales, alcantarillas, etc.), los disipadores de energía hídrica (diques, torrenteras. fajinas, etc.) y las obras de ingeniería sanitaria (plantas de tratamiento de aguas residuales, trampas de hidrocarburos, lagunas de oxidación, pozos sépticos, etc.), en avance en la única cementera privada que tiene el país o en yacimientos mineros.

Dicho PRE es concebido con basamento legal en la gestión del cumplimiento del artículo 1 del Decreto 2219 (1992), quien establece los *lineamientos* que permitan controlar las acciones de exploración y extracción de minerales no metálicos a cielo abierto (roca caliza, arcilla y arenisca), a fin de atenuar los impactos ambientales que puedan ocasionar daños a los medios que conforman el ambiente, asociado al objetivo por el cual se formula el presente Plan de Restauración Ecológica, que es requerido en el artículo 27 del Decreto 2212 (1993).

Es efecto, el PRE promueve la restitución de las áreas afectadas por las operaciones en el yacimiento minero, constituido el mismo por las llamadas Técnicas de Bioingeniería o medidas biológicas y las Medidas de Ingeniería Ambiental o medidas mecánicas, que son desempeñada su gestión en un elevado porcentaje (%) en dicha cementera, que impulsa la restauración de los daños causados por varios impactos ambientales ocurridos en el proceso productivo de esta empresa, con acción adversa a los medios que conforman el ambiente (físico, biológicos y socioeconómico), como resultado de la interacción de sus Aspectos Ambientales Significativos (AAS), avalado su control mediante el cumplimiento del Plan de Supervisión Ambiental (**PSA**) establecido.

Se considera que con la cantidad de superficies de bosques naturales y culturales que sido avanzados en el país, quizás pudieran garantizar hoy día el abastecimiento permanente para establecer tradicionales y nuevas industrias forestales (pulpa para papel, p/e), que permitan el aprovechamiento sustentable e integral del potencial forestal, para contribuir con el bienestar socio-económico de las comunidades en el país, lo cual conlleva a la consolidación de la cadena productiva forestal, mediante el desarrollo de actividades económicas distintas a las convencionales, incluyendo conjuntamente la acción de la diversificación de la economía nacional, al estimular el fomento de otros rubros de elevado ingreso, como la farmacológica y cosmetológica.

En efecto, el propósito fundamental del presente manuscrito es promover el Potencial Productivo de los bosques tropicales de importancia ecológica y socioeconómica para el resto de los recursos naturales y a las actividades humanas, a fin de estimular a los inversionistas y emprendedores a la conservación y mejoramiento del bosque nativo, y a ejecutar plantaciones forestales productivas o de protección, con acciones orientadas al fomento de industrias abastecidas con materia prima derivada del bosque, los cuales deben ser manejado con planes de ordenamiento de carácter sustentable; quienes mientras prosperan servirán como hábitats a la fauna silvestre, de sumidero del CO_2 y "pulmones verdes", entre otros beneficios aportados por estos importantes ecosistemas.

No obstante, quizás en una segunda edición del manuscrito u otro autor interesado en escribir acerca de este apasionado tema, debería considerar las siguientes sugerencias del amigo presentador de este libro, aunado a las proposiciones que puedan florecer de los amigos lectores:

1.- Cuantificar la productividad del bosque, con ejemplos numéricos concretos en Venezuela y otros países, incluyéndose fotografías, imágenes, gráficos y cuadro o tablas para reforzar el análisis realizado bajo el siguiente esquema:

- Ubicar datos de producción de productos forestales primarios estimados en nuestro bosque local o nacional por unidad de superficie; tanto para bosque no intervenido o secundarios, como plantaciones de bosques productivos. Caso Uverito, por ejemplo, incluyéndose la información emanados de medios internacionales.
- Obtener información de La Amazonia y colocar cifras concretas para reforzar la importancia del bosque y su contribución al clima mundial y control de cambio climático.
- Datos de producción del bosque de los otros bienes y productos citados en el texto.
- Datos de la industria forestal primaria.
- Datos de productividad de productos medicinales, cosméticos y otros.

2.- Cuantificar su contribución al cambio climático en términos de captura de CO_2, e introducir el concepto de bonos de carbono y el financiamiento internacional de estos.

3.- Relacionar con varios ejemplos el bosque con los servicios ecológicos y mencionar el concepto de costo del servicio.

4.- Cuantificar el patrimonio forestal venezolano por sectores (bosques, sabana, áreas desprovistas de vegetación, etc.).

5.- Visión nacional y mundial de la productividad de los bosques, sugerencias para que el bosque se mantenga y se recupere en los casos que se haya desmejorado o perdido parcial o totalmente. Como se debe encajar en esa visión los Planes con los fines indicados en los acuerdos de las reuniones de los entes regionales y multinacionales (ONU, Unión Europea, etc.). ¿Cómo incluir esas acciones en los planes de protección ambiental de cada país?

6.- Promover una **Política Forestal** acorde con los objetivos de la ONU de mantener y recuperar la productividad de los bosques protectores. Indicar el deterioro de la Industria Forestal en Venezuela (aserraderos), etc.

7.- Comentar como el cambio climático está incrementando los **incendios forestales** y como esto a su vez afectan los bosques tropicales. Este fenómeno produce una reducción de la capacidad de captura de carbono de los bosques y eso a su vez afecta la temperatura; lo cual es una espiral que debe ser controlada de alguna manera. Mencionar la problemática del cambio climático en Venezuela.

REFERENCIAS BIBLIOGRÁFICAS O FUENTES DE INFORMACIÓN

• Edward S., Ayensu (1983). "Selvas; Las Ultimas Reservas de Vida de Nuestro Mundo". Smithsonian Institution Washington D.C. Círculo de Lectores, S.A. Valencia, 344 Barcelona. Marshall Editions Limited. P. 200. España.

• Chávez Sandy (2015). Métodos ecológicos para el control de la erosión laminar en taludes causada por proyectos agro productivos. Trabajo de Grado para optar al Título de M.Sc. en Gerencia Ambiental. Programa de Maestría de Gerencia Ambiental (PMGA) de la UNEFA, Núcleo Zulia. Maracaibo. Tutor Carlos E. Guillén V.

• Hernández-Montilla, M. (2010). Estimación del riesgo de extinción de los hábitats terrestres de la cuenca de los ríos lajas y palmar del Estado Zulia. Trabajo Especial de Grado, Universidad del Zulia. 79 pp.

• Hoyos, Jesús F. (1994). Guía de árboles de Venezuela. Sociedad de Ciencias Naturales la Salle. Monografía No 32, Caracas-Venezuela.

• FAO (1993). Evaluación de los Recursos Forestales (1990). Países tropicales. Estudio FAO: Montes N° 112. Roma, FAO.

• Guerra, M. & Pietrangeli, M. (2007). Caracterización florística de las comunidades forestales ribereñas presentes en un sector de la cuenca media del Río Socuy, estado Zulia, Venezuela. Rev. Fav. Agron. (LUZ) 24 (Supl. 1): 427-434.

• Guillén V., Carlos E. (1999). Conferencia Técnica Semana del Ingeniero: Potencial Productivo de los Bosques Tropicales. Centro de Ingenieros del Estado Zulia (CIDEZ). Maracaibo, octubre de 1999.

• Guillén V., Carlos E. (2003). Charla Conferencia: Bienes y Servicios de los bosques. XXV Convención Nacional de Peritos y TSU Forestales. CIDEZ. Mcbo, octubre de 2003.

• Guillén V., Carlos E. (2012). **Conversatorio**: Valores y Beneficios de los Bosques Tropicales. Ciclo de conferencias promovidas los días martes por la ONG ACLAMA. CIDEZ, 27/06/2012.

• Internet, programa Google Earth y otros buscadores electrónicos. Mcbo., marzo-mayo de 2012-2014.

• Lozada D., José Rafael (2007). Situación actual y perspectiva del manejo de recursos forestales en Venezuela. ULA. Facultad de Ciencias Forestales y Ambientales. Instituto de Investigaciones para el Desarrollo Forestal (INDEFOR). Revista Forestal Venezolana 51 (2), pp195-218.

• Mapa de la Vegetación de Venezuela (1999). Escala 1:250.000. Dirección de Vegetación. Caracas, Venezuela.

• Mapa de Cobertura Vegetal de Venezuela (2011). Inventario Nacional Forestal. Escala 1:250.000.

• MARNR, JUNAC y CEE. (1987). Seminario: Integración Técnica de la Industria Forestal. Asistencia de participación. Mérida, 26-28 de noviembre.

• MARN (2000). Primer informe de Venezuela sobre Diversidad Biológica. Ministerio del Ambiente y de los Recursos Naturales: Caracas.

• MARNR (1982). Mapa de la vegetación actual de Venezuela. En: Sistemas Ambientales Venezolanos. Proyecto VEN/79/001, Serie II: Los Recursos Naturales Renovables y las Regiones Naturales. Ministerio del Ambiente y de los Recursos Naturales Renovables (MARNR): Caracas. 231 pp.

• MARNR (1986). Conservación y manejo de los manglares costeros en Venezuela y Trinidad-Tobago 1985. Serie Informes Técnicos DGIIA-IT-259. Ministerio del Ambiente y de los Recursos Naturales Renovables (MARNR): Caracas.

• Parra M. Ángel A. (2016). Desarrollo sustentable de parques ecoturísticos de la región zuliana. Trabajo de Grado para optar al Título de M.Sc. en Gerencia Ambiental. Programa de Maestría de Gerencia Ambiental (PMGA) de la UNEFA, Núcleo Zulia. Maracaibo. Tutor Carlos E. Guillén V.

Pietrangeli, Miguel Ángel (2010). Evaluación de la cobertura vegetal de la mina Paso Diablo y áreas de influencia, y determinación de las tasas de crecimiento de las diferentes especies forestales utilizadas en los planes de reforestación de los años 2006, 2007 y 2008 sobre las escombreras noroeste (nivel 220), norte (nivel 180) y noreste (nivel 160). Laboratorio de Ecología Vegetal y Sistemática de Plantas Vasculares. Departamento de Biología. Facultad Experimental de Ciencias de LUZ.

• Santamaria, J. Catalina (2007); Consejera de Políticas Forestales, Secretaria del Foro de las Naciones Unidas sobre los Bosques. VI Congreso Latinoamericano de derechos Forestales. Quito, 31/08/2007.

• Rincón, Ignacio (2011). Análisis espacial de la cobertura del bosque en Venezuela. Caso de estudio región norte del río Orinoco. Trabajo de Grado para obtener el Título de Licenciatura en Geografía. Universidad Central de Venezuela (UCV). Facultad de Humanidades y Educación. Escuela de Geografía. Tutor: Autor: Dr. Antonio De Lisio.

• Rodríguez, J.P. & F. Rojas-Suárez (eds.) (2008). Libro Rojo de la Fauna Venezolana. 3ra. ed. Provita y Shell Venezuela, S.A.: Caracas. 364 pp.

• Rosales, J. (2003). Bosques y selvas de galería. Pp. 812-826. En: M. Aguilera, A. Azócar & E. González Jiménez (eds.). Biodiversidad de Venezuela. Tomo II. Fundación Polar, Ministerio de Ciencia y Tecnología, Fondo Nacional para la Ciencia, Tecnología e Innovación (FONACIT). Editorial ExLibris: Caracas.

• ULA (1980). Facultad de Ciencias Forestales, Escuela de Ingeniería Forestal. Cátedra: Propiedades físico-mecánicas de la madera. Mérida– Venezuela/1980-B.

• ULA (1981). Facultad de Ciencias Forestales, Escuela de Ingeniería Forestal. Cátedras: Ecología Vegetal; Sensores Remotos, Sistemas Silviculturales. Mérida – Venezuela (1981-A y 1981-B).

RESUMEN CURRICULAR DEL RESPONSABLE DEL PRESENTE TRABAJO

Carlos Enrique Guillén Valero es oriundo de Lagunillas de Mérida, e mail: cguillen@cementoscatatumbo.com; carlosguillen56@gmail.com / celular 58-414-3644819, Ing. Forestal graduado en la Universidad de los Andes / ULA, Mérida-Venezuela en fecha 23/03/1984, con Especialización Profesional en Gerencia Empresarial titulado en la Universidad Rafael Urdaneta (URU) con sede en Maracaibo el 24/10/1996; de M.Sc. en Administración de Empresas graduado en la URU, Mcbo., Edo Zulia-Venezuela el 13/12/2001 y el Diplomado en Formación Docente en la Universidad Dr. José Gregorio Hernández, Maracaibo (08/03/2008).

Su experiencia laboral transciende los ámbitos en la Sociedad General de Servicios (SGS) de Venezuela como Inspector de Ensayos no Destructivos realizando Control de Calidad con el Uso de Radioactividad, Tinte Penetrante y Ultrasonido en Instalaciones Petroleras de la COLM desde abril 1984 a Sep. de 1984; continua en la Actividad Privada o Libre Ejercicio de la Profesión de Ing. Forestal en Asesorías Ambientales-Forestales, supervisión ambiental de proyectos y elaboración de documentos técnicos para trámites de permisiones operacionales desde Noviembre 1984 a Diciembre 1997; luego en la Consultora Ambiental Proyectos Forestales, C.A. (PROFORCA) como accionista con el cargo de Vicepresidente, desempeñando la Formulación y Ejecución de Proyectos Ambientales / Restauración Ecológica y Saneamiento Ambiental a partir de Enero 1998 a Enero 2008; luego en TRANSSERCA como Presidente realizando Asesorías y Supervisiones Ambientales, Elaboración de documentos técnicos para tramites de permisos,

Labores de Saneamiento Ambiental, entre otros servicios desde Febrero 2008 a Agosto 2013.

En la actualidad es el Gte de Ambiente, Seguridad y Salud de Cementos Catatumbo, C.A. (CECAT), en el Desempeño del Sistema de Gestión Ambiental, Cumplimiento del Programa de Seguridad Industrial y de Salud en el Trabajo, entre otras actividades afines (septiembre 2013-Actual); alternando actividades académicas universitarias en la Universidad Experimental de las Fuerzas Armadas (UNEFA), Núcleo Zulia como Jefe de Línea de Investigación y Miembro del Comité Académico del Programa de Maestría de Gerencia Ambiental (PMGA), Coordinador del Programa de Maestría Gcia Logística, con Carga Académica del PMGA y/o Profesor TV (2012 -Actual) en las asignaturas:

- Estudios de Impacto Ambiental y Sociocultural (EIASC, 3era Cohorte 2012-2 y 6ta Cohorte 2016-3).
- Formulación y Evaluación Ambiental de Proyectos (FYEAP, 3era Cohorte 2012-3).
- Ambiente y Estilos de Desarrollo (AYED, 2013-1, 4ta Cohorte; 2016-2, 6ta Cohorte).
- Planificación y Gestión Ambiental (PGA, 5ta Cohorte 2014-2).
- Auditorías Ambientales (AA, 6ta Cohorte 2017-1: AGA-51163, Electiva, III Termino).

También Presidente del Jurado y Miembro Principal de Trabajos de Grado en el PMGA en temas afines con el Desempeño óptimo del Sistema de Gestión Ambiental en las organizaciones. Además, de Tutor Académico de unos 12 Trabajos de Grado en el PMGA, Asesor o Tutor Empresarial / Industrial de pasantes en Cementos Catatumbo / CECAT; entre otras labores académicas.

Igualmente, se ha tenido invitaciones de la División de

Extensión de la Facultad de Humanidades y Educación (FHE) de la Universidad del Zulia, para dictar Módulos en Diplomados de Formación de conocimientos ambientales, entre otros: Los Estudios de Impacto Ambiental y Sociocultural (EIAS), obligados a su formulación para proyectos o actividades antropogénicas que sean capaces de degradar los medios que conforman el ambiente, para dar cumplimiento al precepto constitucional (1999) del artículo 129.

Contenido

Dedicatoria	5
Presentación	7
I. Introducción	13
II. Objetivos:	17
III. Marco legal vigente venezolano en conservación de bosques	19
IV. Glosario de términos básicos	34
V. Valores y beneficios de los bosques tropicales	90
Conclusiones y recomendaciones	157
Referencias bibliográficas	168

Este libro fue diseñado y exportado para su publicación en AMAZON por SULTANA DEL LAGO EDITORES, en los talleres gráficos del poeta Luis Perozo Cervantes, en Maracaibo, estado federal del Zulia, en el continente americano, del planeta tierra; a los 22 días del mes de noviembre de 2022, el mismo día pero de 1939 en que nace el novelista zuliano Jorge García Tamayo.

www.ingramcontent.com/pod-product-compliance
Lightning Source LLC
Chambersburg PA
CBHW071403210526
45465CB00001B/222